鲜食番茄生产实用技术问答

辽宁职业学院　组编

张桂凡　主编

中国农业大学出版社

·北京·

内 容 简 介

本书依据番茄生长发育规律和生产设施特点，结合人们对番茄产品绿色、营养以及鲜食的迫切需求，着重总结了设施番茄优质高效生产实用技术模式和关键技术。本书以问答的形式，简单明了地介绍了番茄特征特性、优良品种、鲜食番茄品质提升的综合管理技术和病虫害绿色防控技术等。本书内容充实新颖、技术模式先进、实用性强，可供菜农、广大农技人员和农业院校师生参阅。

图书在版编目(CIP)数据

鲜食番茄生产实用技术问答 / 辽宁职业学院组编. -- 北京：中国农业大学出版社，2022.4(2025.4 重印)
(园艺专业实用技术手册)
ISBN 978-7-5655-2746-3

Ⅰ. ①鲜…　Ⅱ. ①辽…　Ⅲ. ①番茄－蔬菜园艺－问题解答
Ⅳ. ①S641.2-44

中国版本图书馆 CIP 数据核字(2022)第 059098 号

书　　名　鲜食番茄生产实用技术问答
作　　者　辽宁职业学院　组编　　张桂凡　主编

策划编辑	张　玉	**责任编辑**	张　玉　贺晓丽
封面设计	郑　川		
出版发行	中国农业大学出版社		
社　　址	北京市海淀区圆明园西路 2 号	**邮政编码**	100193
电　　话	发行部 010-62733489，1190		读者服务部 010-62732336
	编辑部 010-62732617，2618		出　版　部 010-62733440
网　　址	http：//www. caupress. cn	**E-mail**	cbsszs @ cau. edu. cn
经　　销	新华书店		
印　　刷	天津鑫丰华印务有限公司		
版　　次	2022 年 5 月第 1 版　　2025 年 4 月第 2 次印刷		
规　　格	148 mm×210 mm　　32 开本　　4.25 印张　　78 千字		
本册定价	15.00 元（全九册定价：135.00 元）		

总　　序

振兴乡村，建设社会主义新农村，实现农业现代化，是党中央作出的重大决策。现阶段在打赢脱贫攻坚战之后，我国将持续巩固拓展脱贫攻坚成果，做好同乡村振兴的有效衔接。实施农业科技创新、提升农业技术人员队伍素质及农民的从业技能，是实施乡村振兴战略的重要保证。

为适应乡村振兴发展战略的需要，推动和促进农业科技成果的转化，加强农业技术人员队伍建设，提升农民的职业技能，辽宁职业学院组织相关教师和农业专家编写了“园艺专业实用技术手册”丛书，包括《农业气象灾害防御实用技术问答》《土壤肥料实用技术问答》《草莓栽培实用技术问答》《葡萄栽培实用技术问答》《食用菌生产实用技术问答》《切花生产实用技术问答》《设施甜瓜生产实用技术问答》《蔬菜病虫害防治实用技术问答》《鲜食番茄生产实用技术问答》。

本丛书在内容上紧密结合生产实际，突出针对性、适用性、通俗性和对现代农业新技术、新成果的应用，文字通俗易懂、贴近生产实际，旨在为农业技术人员、农民及其他使用人员提供新知识、新技术、新信息，解决现代农业发展中遇到的实际问题，提高农业技术人员和农民接受新知识、掌握新技术、获取新信息的能力。相信该丛书的出版，能在提高农民的科技素质，推动产业结构调整，促进农业增产、农民增收，加快现代化建设，助力乡村振兴等方面发挥重要作用。

前　言

番茄原产南美洲，20 世纪 50 年代初番茄在我国的栽培面积迅速增加，成为主要果菜之一。番茄的果实营养丰富，风味独特，可鲜食、炒食、加工成番茄酱或汁等。利用日光温室进行番茄周年生产，丰富了城乡居民的“菜篮子”，同时增加了冬春淡季鲜食水果种类。只有不断改进创新设施番茄生产技术模式和管理关键技术，才能保证番茄产量和品质的统一，从而实现农业生态园区设施番茄生产的优质高效。

蔬菜生产技术需要不断创新发展。通过采用新品种、新技术、新设备，并融合民俗、品牌、绿色文化等内容，增加蔬菜产品的附加值，提高种植的经济效益，同时还要保护好生态环境，实现可持续发展。蔬菜生产还要不断升级标准，从高产到营养、美味、安全、保健。

编者在辽北地区为合作社菜农及农技人员培训期间，深切感受到广大菜农和基层农技人员对先进、实用的农业技术及其资料的迫切渴望，因此，把多年从事设施番茄生产管理的经验和试验成果总结提炼，编写成《鲜食番茄生产实用技术问答》一书。

本书在编写过程中，得到了同事、行业专家的大力支持，在此表示真诚的感谢！由于编写水平有限，书中难免有疏漏或不当之处，欢迎各位专家和读者批评指正。

编　者

2021 年 10 月

本书彩图请扫码查看

目　录

番 茄

番茄(学名:Lycopersicon esculentum Mill.),是茄科番茄属一年生或多年生草本植物,番茄起源中心是南美洲的安第斯山地带。在秘鲁、厄瓜多尔、玻利维亚等地,至今仍分布有大面积野生种。番茄属分为有色番茄亚种和绿色番茄亚种。前者果实成熟时有多种颜色,后者果实成熟时为绿色。现在栽培番茄的祖先是樱桃番茄。墨西哥较早驯化栽培番茄。1523年,番茄由墨西哥传到西班牙、葡萄牙,1550年前后传到意大利,1575年相继传到英国和中欧各国,当时仅作为观赏植物。18世纪中叶开始作食用栽培。1768年米勒首次作出植物学描述,进行分类和定名。17世纪传入亚洲的菲律宾,后传到亚洲的其他国家。中国栽培的番茄是从欧洲或东南亚传入。清代汪灏在《广群芳谱》的果谱附录中有"番柿"的记载:"一名六月柿,茎似蒿。高四五尺,叶似艾,花似榴,一枝结五实或三四实……草本也,来自西番,故名。"由于番茄果实有特殊味道,当时仅作观赏栽培。到20世纪初,中国城市郊区开始栽培食用。中国番茄栽培是从20世纪50年代初迅速发展,并成为主要果菜之一。

一、番茄生产基础

001 根据分枝结果习性番茄可分为哪些类型？

根据分枝结果习性番茄可分为有限生长型和无限生长型两种类型。

(1)有限生长型　植株主茎生长到一定节位后，花序封顶，主茎上果穗数增加受到限制，植株较矮，结果比较集中，多为早熟品种。这类品种具有结实力及速熟性较高、生殖器官发育较快、叶片光合强度较高的特点，生长期较短。

(2)无限生长型　主茎顶端着生花序后，不断由侧芽代替主茎继续生长、结果，不封顶。这类品种生长期较长，植株高大，果形也较大，多为中、晚熟品种，产量较高，品质较好。

002 番茄根系的特点有哪些？

番茄的根系比较发达，分布广而深。盛果期主根深入土中能达 150 cm 以上，根系幅度可达 250 cm 左右。但在育苗条件下，由于移植时主根被切断，侧根分枝增多，并横向发展，大部分根群分布在30～50 cm的土层中，1 m以下的土层中根系分布很少。

番茄不仅在主根上易生侧枝，在根茎或茎上，特别是茎节上很容易发生不定根，而且伸展很快，在良好的生长条件下，不定根发生后4～5周即可长达1 m左右，所以番茄扦插繁殖比较容易成活。

番茄根系的发育能力及伸展深度和范围不仅与土壤结构、肥力、土温和耕作情况有关，而且也受移植、整枝及摘心等栽培措施的影响，同时与地上部茎叶及果实生长也有一定的关系。

003　番茄茎蔓的特点有哪些？

番茄属合轴分枝（假轴分枝），茎端形成花芽。所以，从生长点形态来看，可以明显地观察到生长发育各阶段的差异。无限生长的番茄在茎端分化第一花穗后，这穗花芽下的一个侧芽生长成强盛的侧枝，与主茎连续而成为合轴（假轴），第二穗及以后各穗下的一个侧芽也都如此，故假轴无限生长。有限生长的植株则在发生3～5个花穗后，花穗下的侧芽变为花芽，不再长成侧枝，故假轴不再伸长。

番茄茎为半直立性或半蔓性，个别品种为直立性，茎基部木质化。茎的分枝能力强，每个叶腋都可发生侧枝，以花序下第一侧枝生长最快。在不整枝条件下，番茄能够形成枝叶繁茂的株丛。

番茄茎的丰产形态：节间较短，茎上、下部粗度相似。徒长株（营养生长过旺）节间过长，往往从下至上逐渐变粗，而老化株相反，节间过短，从下到上逐渐变细。

004 番茄叶片的特征特性有哪些？

单叶，羽状深裂或全裂，每叶有小裂片 5～9 对，小裂片的大小、形状依叶片着生的部位而异，第一、第二片叶小裂片小，数量也小，随着叶位上升裂片数增多（图 1）。叶片大小、形状、颜色等因品种及环境条件而异，既是鉴别品种的特征，也可作为栽培措施诊断的生态依据。如一般早熟品种叶片较小，晚熟品种叶片较大，露地栽培番茄叶色较深，温室及塑料棚内栽培的番茄往往叶色较浅，低温下叶色发紫，高温下小叶内卷等。番茄叶片及茎均有毛和分泌腺，能分泌有特殊气味的汁液，菜青虫等因恶其味而不为害，虫害较少。

图 1 羽状叶片

番茄叶的丰产形态：叶片似长手掌形，中肋及叶片较平，叶色绿，较大，顶部叶正常展开。生长过旺的植株叶片长三角形，中肋突出，叶色浓绿，叶大。老化株叶小，暗绿或淡绿色，顶部叶小型化。

005 番茄花器官的特征特性有哪些？

番茄为完全花，聚伞花序，小果型品种多为总状花序，花序养生于节间，花黄色。每一花序的花数，品种间差异很大，有五、六朵至十余朵不等，即使同一株上不同花序在不同环境条件下也有差异。雄蕊通常有5～9枚或更多，聚合成一个圆锥体，包围在雌蕊周围，药筒成熟后向内纵裂，散出花粉，为自花授粉作物。个别品种或有的品种在某些条件影响下，柱头伸出雄蕊之外，可以异花授粉，天然杂交率4%～10%。子房上位，中轴胎座。

番茄开花结果习性，按花序着生规律可分为两种类型：①有限生长类型品种：一般主茎生长至6～7片真叶时开始着生第一花序，以后每隔1～2叶形成一个花序，通常主茎上发生2～4层花序后，花序下位的侧芽停止发育，不再抽枝，也不发生新的花序。②无限生长类型品种：在主茎生长至8～10片叶，有的晚熟品种长至11～13片叶时出现第一花序，以后每隔2～3片叶着生一花序，在条件适宜时可无限着生花序，不断抽枝和开花结果。

每一朵花的小花梗中部有一明显的“断带”，它是在花芽形成过程中由若干层离层细胞所构成的。在花芽分化期，距生长点部位表皮20层左右处开始出现一层二次分生组织，随着花芽的发育层次逐渐增多，最后达到10～12层。这时，离层细胞不再增加，但离层的上、下部位的细胞还不断地肥大生长，于是，在离层部位形成凹陷环状的“断带”。在环境条件不利于花器官发育时，“断带”处离层细胞分离，导致落花。

同一品种番茄果实的大小及整齐度与花的发育有关。花器较大的一般果实也较大，畸形花一般都发育成畸形果。如低温下形成的花，往往花瓣数多，柱头粗扁，这样的花必然发育成畸形果。

番茄花的丰产形态：同一花序内开花整齐，花器大小中等，花瓣黄色，子房大小适中。徒长株花序内开花不整齐，往往花器及子房特大，花瓣浓黄色。老化株开花延迟，花器小，花瓣淡黄色，子房小。

006 番茄果实及种子的特征特性有哪些？

果实的形状、大小、颜色、心室数因品种不同而不同。番茄果实为多汁果，果肉由果皮（中果皮）及胎座组织构成，优良的品种果肉厚，种子腔小。栽培品种一般多室，心室数的多少与萼片数及果形有一定关系。萼片数多，心室数也多。3～4 个心室的果实，果径较小，果实肥大不良；5～7 个心室的果实，发育良好，接近圆球形；心室数增多，果形就大而扁。心室数多少除取决于品种遗传外，还与环境条件有关。

果实的颜色是由果皮颜色与果肉颜色相衬而表现。如果皮、果肉皆为黄色，果实为深黄色；果皮无色，果肉红色，果实为粉红色；果皮为黄色，果肉为红色，果实为橙红色。番茄果实的红色是含有茄红素（$C_{40}H_{50}$），黄色是含有胡萝卜素、叶黄素所致。番茄胡萝卜素及叶黄素的形成与光线照射有关，而茄红素的形成虽与光线有一定关系，但主要是受温度的支配。

番茄种子比果实成熟早，一般情况下，开花授粉后 35 d 左右的种子即开始具有发芽力，但胚的发育是在授粉后 40 d 左右完成的，所以授粉后 40～50 d 的种子完全具备正常的发芽力，种子的完全成熟是在授粉后 50～60 d。番茄种子在果实中被一层胶质包围，由于番茄果汁中存在发芽抑制物质及果汁浸透压的影响，在果实内种子不发芽。种子千粒重 3.0～3.3 g。

007　番茄发芽期的特点有哪些?

从种子发芽到第一片真叶出现（破心）为番茄的发芽期。在正常温度条件下这一时期为 7～9 d。

番茄种子的贮藏物质分布于胚乳中。整个胚（胚根、胚芽、子叶）被胚乳所包围。发芽时，最初胚根开始生长，而子叶仍停留在种子中从胚乳吸取贮藏营养物质，进而弯曲的下胚轴开始生长，穿过覆土层把子叶带到地表上。

发芽期的顺利完成主要决定于温度、湿度、通气条件及覆土厚度等。番茄种子吸水经过两个阶段：第一阶段吸收速度快，在水温 20～30 ℃条件下，约 0.5 h 可吸收种子干重 35%左右的水分，2 h 可吸水 60%～65%；第二阶段吸水缓慢，经 5～6 h 才能吸收种子干重 25%左右的水分而接近饱和。种子吸足水分后，在 25 ℃的温度及 10%以上含氧量条件下发芽最快，经 36 h 左右开始发根，再经 2～3 d，子叶出现。

在同样条件下，个体之间发芽速度的差异主要与种子质量有关，较大且均匀充实的种子能产生较早的整齐一致的幼苗，而早出现的幼苗往往具有较好的生产效果。在番茄育苗播种时，必须注意这一特点。

番茄种子较小，内含的营养物质不多，发芽时很快被幼芽所利用。因此，幼苗出现后及时保证必要的营养供给对幼苗生长发育，尤其是生殖器官的及早形成有重要作用。

和其他作物一样，处在发芽期的幼芽具有较大的生理可塑性，如将萌动的番茄种子进行低温（－2～0 ℃）或变温（20 ℃ 8～12 h，0 ℃ 12～16 h）处理，往往能在较低的温度条件下长出一致的幼苗，促进早熟。

008 番茄幼苗期的特点有哪些？

由第一片真叶出现至开始出现大蕾的阶段，为番茄幼苗期。虽然番茄种子较小，贮藏的营养物质不多，但完成从异养生长到自养生长的转变比较快，为番茄幼苗根系的迅速生长打下了良好的基础。种子发芽后，最初根系生长占较大的优势，这种现象尤其在早熟品种中表现更为突出。发芽后 20～30 d，幼苗主根可达 40～50 cm，并形成大量的侧根。在直播条件下，发芽后 60 d 左右，根系可深入土中 80 cm 以上。

幼苗移植时，根系受到损伤，但番茄根系的恢复力较强，大量侧根的发生促进了幼苗地上部的迅速生长。

番茄幼苗期经历两个不同的阶段：①真叶 2～3 片，即花芽分化前为基本营养生长阶段。这阶段的营养生长为花芽分化及进一步营养生长打下基础。同时，子叶与展开的真叶所形成的成花激素，对番茄花芽分化具有明显的促进作用。因此，子叶大小直接影响第一花序分化的早晚，真叶叶面积大小影响花芽的分化数目及花芽质量。所以，培育肥厚、深绿色的子叶及较大的 1～2 片真叶是培育壮苗不可忽视的基础。②播种后 25～30 d，幼苗 2～3 片叶时，花芽开始分化，进入幼苗期的第二阶段，即花芽分化及发育阶段。从这时开始，营养生长与花芽发育同时进行，播种后 35～40 d 开始分化第二花序，再经 10 d 左右开始分化第三花序。

花芽开始分化的节位，受品种及育苗条件所支配，早熟品种最早可在 6 片真叶后出现花芽，但育苗条件不良，分化节位相应增高。花芽开始分化后，一般 2～3 d 分化一个花芽，与此同时，花芽相邻的上位侧芽开始分化生长，继续分化叶片，当第一花序花芽分化即将结束时，下一花序已开始了初生花的分化，如此不断往上发展，到第一花序呈现大蕾时，第三花序花芽已经完全分化。由此可以看出，花芽分化早且快以及花芽分化的连续性是番茄花芽分化的主要特点。

从一个花芽来看，先从外侧器官逐渐向内发育，即萼片→花瓣→雄蕊→雌蕊，从分化初期到萼片形成期，花芽伸长速度较慢，进入萼片形成期后，发育速度加快，至花粉母细胞形成及花粉四分子形成期，花芽生长速度更快。从花芽分化到开花需经 30 d 左右，即从播种到开花需经 55～60 d。

不同品种的花芽分化始期及花芽发育进程不同，早熟品种花芽开始分化早，各花序的花芽发育都较中、晚熟品种快，这与上述的早熟品种根系发育特点是一致的。

在幼苗期，花芽的分化及发育是与幼苗的营养生长同时进行的，而且后者是前者的基础。幼苗的根系发育，叶面积大小都与花芽的分化及发育有关，但茎粗与花芽分化的关系更为密切，第一花序开始分化的茎粗标准为 2 mm 左右，第二花序为 4～5 mm，第三花序为 7～8 mm。虽然不同品种及不同育苗条件下花芽分化的茎粗指标有所变化，但与其他营养生长指标相比，茎粗仍然可以看成是比较可靠的指标，因为它更能说明营养物质的合成与积累。

创造良好条件，防止幼苗的徒长和老化，保证幼苗健壮生长及花芽正常分化及发育是这阶段栽培管理的主要任务。

009　番茄开花着果期的特点有哪些？

番茄是连续开花和着果的作物，这里所指的开花着果期仅包括第一花序出现大蕾至着果的阶段。大苗定植时，这一时期正处于定植后的初期阶段。这一阶段虽然不长，但却是番茄从以营养生长为主过渡到生殖生长与营养生长同等发展的转折时期，直接关系到产品器官的形成及产量，特别是早期产量。

开花期的早晚直接影响番茄的早熟性，而开花期决定于品种、苗龄及定植后的温度条件。在正常条件下，从花芽开始分化至开花需经过30 d左右，但在生产中往往比30 d要长。因为，育苗后期的锻炼及定植后的缓苗都会延缓幼苗的生长发育。

在这一阶段，营养生长与生殖生长的矛盾表现比较突出。从地上部分生长来看，这一阶段是决定营养生长与生殖生长平衡的关键时期。营养生长过旺，甚至疯长，必然会引起开花结果的延迟或落花落果。生长旺盛的中、晚熟品种及过分偏施氮肥，日照不良，土壤水分过大，高夜温，特别是在这样条件下定植幼龄苗时最容易发生这种现象；反之，早熟品种，在定植后管理不善，特别是蹲苗不当的情况下容易出现果坠秧的现象。由于植株营养体积小，果实发育缓慢，会导致产量不高。促进早发根，注意保花保果是这一阶段栽培的主要任务。

010　番茄结果期的特点有哪些？

从第一花序着果到结果结束（拉秧）都属于结果期。这一时期果、秧同时生长，营养生长与生殖生长的矛盾始终存在。营养生长与果实生长高峰相继周期性出现，但是这种矛盾的突出或缓和与栽培管理技术关系很大。一般高产番茄二者矛盾比较缓和；反之，矛盾愈突出，产量分布愈不均匀，产量愈低。如果在开花结果时期调节好秧果关系，且肥水管理适当，这一时期不会出现果坠秧现象。相反，整枝、打杈及肥水管理不当，还可能出现疯秧的危险，必须注意控制。

番茄是陆续开花、连续结果的作物，第一花序果实肥大生长时，第二、三、四、五花序都在不同程度上发育。正在发育的果实，特别在开花后 20 d 内，大量碳水化合物往果实内输送，各层花序之间的养分争夺也比较明显。一般来说，下位叶片制造的养分除供给根系等营养器官外，主要供给第一花序果实生长的需要，中位叶片的养分主要输送到果实中，而上位叶片的养分除供给上层果实外，还大量地供给顶端生长的需要。

由于营养物质分配的关系，有时下位果穗发育消耗过多的养分而使茎轴顶端变细，上位花序的花芽发育不良，花器官较小，结实不良。这不仅说明各花序之间营养分配方面的矛盾，同时也反映出营养生长与生殖生长之间的矛盾。如果植株的营养生长良好，从下至上的茎轴生长比较均匀，即使下位花序的结果量较大，上位花序的花芽也能正常发育、开花和结果。

在生产中，番茄产量形成的规律有多种类型，如早期产量高，后期产量也高；早期产量高，后期产量低；早期产量低，后期产量高及早期、后期产量都低。从产量形成的过程及管理技术来看，一般情况下早期产量与总产量是存在一定的矛盾，但这种矛盾是可以在一定的条件下实现统一的。在结果期中，应该创造良好的条件促进秧、果并旺，周期变化缓和，不断结果，保证早熟丰产。

011 番茄对温度条件的要求有哪些？

番茄是喜温性蔬菜，在正常条件下，同化作用最适宜的温度为 20～25 ℃，温度低于 15 ℃，不能开花或授粉受精不良，导致落花等生殖生长障碍。温度降至 10 ℃，植株停止生长，长时间 5 ℃以下的低温能引起低温危害，致死的最低温度为 -2～-1 ℃；温度上升至 30 ℃时，同化作用显著降低，升高至 35 ℃以上时，生殖生长受到干扰与破坏，即使是短时间 45 ℃以上的高温，也会产生生理性干扰，导致落花落果或果实不发育。

番茄不同生育时期对温度的要求及反应是有差别的。种子发芽的适温为 28～30 ℃，最低发芽温度为 12 ℃左右。幼苗期的白天适温为 20～25 ℃，夜间为 10～15 ℃。在栽培中往往利用番茄幼苗对温度适应性较强的特点，在一定条件下进行抗寒锻炼，可以使幼苗忍耐较长时间 6～7 ℃的温度，甚至短时间的 -3 ℃或 0 ℃的低温。开花期对温度反应比较敏感，尤其是开花前 5～9 d、开花当日及开花后 2～3 d 时间内要求更为严格。白天适温为 20～30 ℃，夜间 15～20 ℃，过低（15 ℃以下）或过高（35 ℃以上）都不利于花器的正常发育及开花。结果期白天适温为 25～28 ℃，夜温为 16～20 ℃，温度低果实生长速度慢，日温增高至 30～35 ℃时，果实生长速度较快，但着果数较少；夜温过高不利于营养物质积累，果实发育不良。26～28 ℃以上的高温能抑制茄红素及其他色素的形成。影响果实正常转色。

番茄根系生长最适土温为 20～22 ℃。提高土温不仅能促进根系发育，同时土壤中硝态氮含量显著增加，生长发育加速，产量增高。因此，只要夜间气温不高，昼夜地温都维持在 20 ℃左右也不会引起徒长，这对保护地番茄生产有实际意义。在 5 ℃条件下根系吸收养分及水分受阻，9～10 ℃时根毛停止生长。

适温的高低与其他环境条件，特别是光照、营养条件及空气中 CO_2 含量有着密切联系，在弱光照下同化作用的最适温度显著降低。在强光下增加 CO_2 含量，同化作用的最适温度提高，在 CO_2 含量增高到 0.12%时，同化作用最适温度可提高到 35 ℃。番茄的生育温度，尤其是夜间温度与氮素营养之间的相互作用，对番茄生长及结果有明显影响。一般来说，只要保证夜间温度适宜，在氮浓度高或稍低时都能正常结果，但在夜间温度高的情况下，如氮的浓度低则不能结果，即使在一般氮素施肥量时也会出现缺氮症状。

012　番茄对光照条件的要求有哪些？

番茄是喜光作物，光饱和点为 70 000 lx。光照强度下降，光合成作用显著下降。因此，在栽培中必须经常保证良好的光照条件。一般应保证 30 000～35 000 lx 以上的光强度，才能维持其正常的生长发育。在冬季温室栽培中，由于光照不良，植株营养水平降低，会造成大量落花，影响果实正常发育，产量降低。一般情况下，强光不会造成危害，如果伴随高温干燥条件，会引起卷叶或果面的灼伤，影响产量及产品品质。

番茄是短日照植物，在由营养生长转向生殖生长，即花芽分化转变过程中基本要求短日照，但要求并不严格。有些品种在短日照下可提前现蕾开花，多数品种则在 11～13 h 的日照下开花较早，植株生长健壮。不少试验表明，番茄在 16 h 光照条件下，生长最好。因此在延长光照条件下，干物质产量显著增加。

番茄正常生长发育要求完整的太阳光谱，设施覆盖下培育的番茄秧苗有时容易徒长，主要是由于缺乏紫外线等短波光，在冬季或温室中生产的番茄果实维生素 C 含量较低也与此有关。

013　番茄对水分条件的要求有哪些？

番茄地上部茎叶繁茂，蒸腾作用比较强烈，蒸腾系数为 800 左右。但番茄根系比较发达，吸水力较强，因此，对水分的要求属于半耐旱的特点，既需要较多的水分，但又不必经常大量的灌溉，且不要求很大的空气湿度，一般以 45%～50%的空气相对湿度为宜。空气湿度大，不仅阻碍正常授粉，而且在高温高湿条件下病害严重。

不同的生长时期对水分要求不同。幼苗期生长较快，为避免徒长和发生病害，土壤湿度不宜太高，应适当控制灌水。第一花序着果前，土壤水分过多易引起植株徒长，根系发育不良，造成落花。第一花序果实膨大生长后，枝叶迅速生长，需要增加水分供应。番茄果实为浆果，盛果期需要大量水分供给，这时气温较高，植株蒸腾量大，不经常补充水分会影响果实的正常发育。据报道，处在果实迅速膨大期的番茄，每株每天吸水量为 1～2 L，不包括土壤蒸发的水分，每天每亩需补充水分 5～10 m^3。果实迅速膨大生长期发生的脐腐病与土壤水分管理不善有一定的关系。结果期土壤湿度过大，排水不良，会阻碍根系的正常呼吸，严重时会烂根死秧。土壤湿度范围以维持土壤最大持水量的 60%～80% 为宜。另外，结果期土壤忽干忽湿，容易发生大量裂果，应注意勤灌匀灌。

014 番茄对土壤及营养需求的特点有哪些?

番茄对土壤条件要求不太严格，为获得丰产，创造良好的根系发育基础，应选用土层深厚，排水良好，富有有机质的肥沃壤土。番茄对土壤通气条件要求高，土壤空气中氧含量降至 2%时植株枯死。因此，低洼易涝及结构不良的土壤不适宜。沙壤土通透性好，土温上升快，在低温季节可促进早熟，黏壤土或富含有机质及排水良好的黏土保水保肥力强，能提高产量。土壤酸碱度以 pH 6～7 为宜，过酸或过碱的土壤应进行改良。在微碱性土壤中幼苗生长缓慢，但植株长大后生长良好，品质也较好。

番茄在生育过程中，需从土壤中吸收大量的营养物质。据报道，生产 5 000 kg 果实，需要从土壤中吸收氧化钾 33 kg，氮 10 kg，磷酸 5 kg。这些元素有 73%左右存在于果实中，27%左右存在于茎、叶、根等营养器官中。氮肥对茎叶的生长和果实的发育有着重要作用，是与产量关系最为密切的营养元素。在第一花序果实迅速膨大前，植株对氮的吸收量逐渐增加，以后在整个生育过程中，氮素仍大体按同一速度吸收，至结果盛期时达到吸收高峰。所以，氮素营养必须充分供给，只要保证充足的光照，降低夜温并配合其他营养元素的施用，适当增施氮肥并不会引起徒长，而是丰产不可缺少的重要条件。磷酸的吸收量虽然不多，但对番茄根系及果实的发育作用显著。吸收的磷酸中大约有 94%存在于果实及种子中。幼苗期增施磷肥对花芽分化及发育也有良好的效果。氧化钾吸收量多，尤其在果实迅速膨大期，钾素对糖的合成、运转及提高细胞液浓度，加大细胞的吸水量都有重要的作用。

二、樱桃番茄无公害生产技术规程

015　樱桃番茄无公害生产技术规程的适用范围有哪些?

本规程规定了无公害樱桃番茄生产的产地环境和生产技术管理。

本规程适用于塑料拱棚、日光温室、连栋温室及露地樱桃番茄无公害生产。

016　樱桃番茄无公害生产技术规程规范性引用文件有哪些?

NY 5010—2002《无公害食品　蔬菜产地环境条件》中的条款,通过本规程的引用而成为本规程的条款。

017　樱桃番茄无公害生产对产地环境要求有哪些?

产地应选择生态条件良好,远离污染源,并具有可持续生产能力的农业生产区域;还应选择地势高、干燥、排灌方便、地下水位低、土层深厚疏松的沙壤土地块；生产地块距主干公路线 100 m 以外；环境空气质量、灌溉水质、土壤环境应符合 NY 5010—2002 的规定。

018 生产技术管理规范内容有哪些？

（1）品种与栽培季节

①品种选择　选择抗病高产、抗逆性能强、适应性广、品质优、耐贮运、适合销售市场需求的樱桃番茄品种，如千禧、碧娇、春桃、金珠、凤珠、金蜜佳等。

②栽培季节　栽培季节见表 1，由于樱桃番茄收获延续时间长，可利用露地、塑料大棚、日光温室栽培等方式，合理安排茬口，进行周年性生产。

表 1　樱桃番茄栽培季节

茬口安排	播种期	定植期	收获期
春露地	2 月中下旬	5 月中旬	6 月下旬至 9 月下旬
春塑料大棚	1 月上旬	4 月中旬	5 月下旬至 10 月下旬
春日光温室	12 月上旬	2 月中旬	4 月上旬至 7 月上旬
秋日光温室	6 月上旬	7 月中旬	9 月上旬至 12 月

（2）育苗

①育苗设施　不同栽培方式选择温室、大棚、温床育苗。

②育苗基质　可选用商品基质，如济南峰园农业技术有限公司经销的育苗基质。该基质主要由草炭、珍珠岩、蛭石混配而成，有机质、腐植酸及植物纤维占 60% 以上，富含菜苗

所需营养元素，使用方法简单。

③种子质量及播种量　樱桃番茄种子质量指标应达到：纯度≥95.0%，净度≥98.0%，发芽率≥95%，水分≤8%。每亩用种量10～15 g。

④种子处理　温汤浸种，即用55～60 ℃温水不断搅拌浸泡15 min。

⑤播种　基质加入适量的水闷湿均匀，标准是手握成团不滴水，松手即散，装入穴盘刮平后叠盘，均匀用力压出0.5～1 cm深的小坑。将消毒处理过的种子点播在穴盘内，然后用内装小袋蛭石覆盖平整，再喷水至基质湿透即可。注意播种时和之后管理过程中洒水量不宜过大，以防养分随水流失。

⑥苗期管理　出苗期适宜温度25～30 ℃，4～5 d出齐后及时揭去覆盖物。苗龄不宜过长，高温季节30 d左右，低温季节50 d左右，幼苗具备5～7片真叶时即可定植。温室内蓟马、白粉虱等害虫传播病毒，会增加番茄病毒病的发生概率，注意防治。定植前加大通风量，控制浇水，炼苗1周左右。

(3)定植

①土壤消毒与轮作　定植前，在空闲时间密闭温室进行高温闷棚处理，能够杀灭多种病菌。重病地块与茄科蔬菜进行3年以上的轮作，或者实行稻菜轮作，控制土传病害。

②整地施基肥　定植前清除田间病残体，深翻晾晒。每

亩温室施入充分腐熟的有机肥 5 000 kg，硫酸钾型复合肥（N-P-K 为 14-16-15）50 kg，撒施或者沟施。禁止使用城市垃圾、污泥、工业废渣。推荐使用生物钾肥。

③做畦和铺设滴灌系统　做高畦，畦的高度最好在 10～15 cm，畦面宽 70～80 cm，畦面上定植 2 行，合盖一幅地膜，过道宽 80 cm 左右。每畦铺设 2 条滴灌带，采用膜下滴灌方式灌水施肥，实现水肥一体化。

④定植方法　冬、春季节采用“座水稳苗”方法定植。先用打孔器在覆盖好地膜的畦面上打孔 2 行，行距 60 cm，株距 33 cm 左右，孔深度 10 cm 左右。向打好的孔内施入化肥，每亩磷酸二铵 5 kg、硫酸钾型复合肥（N-P-K 为 14-16-15）5 kg。向孔内浇满水，紧接着，不要等水渗下去即脱钵栽苗。3 d 后在行间过道内取细土，封严实定植穴，保温保湿。采用双干整枝方式，每亩定植密度 2 000 株，或者单干整枝方式，每亩定植密度 3 000～4 000 株。

（4）田间管理

①温度管理　冬春温室樱桃番茄开花结果期晴天白天保持 25～28 ℃，夜间 13～18 ℃为宜。温度长期高于 35 ℃或者低于 15 ℃，易落花落果。依据番茄生长发育特性，结果期可采用三段变温管理方法。即晴天 8—17 时温度控制在（24 ± 2）℃；17—22 时温度控制在（14 ± 1）℃；22 时至次日 8 时温度控制在（10 ± 2）℃。番茄的光合产物 75% 白天已经运输出去，25% 前半夜运输。后半夜为了抑制呼吸消耗，需

要降低温度。如果温度过高，植株表现徒长，果实膨大慢，晚熟减产。

②湿度管理　适宜的空气相对湿度为50%～70%。幼苗期适当控水防止番茄徒长。第一花序坐果前，严格控制土壤水分，以防引起番茄徒长，根系发育不良，造成落花。第一花序坐果后，再增加水分供应。尤其盛果期要保证充足水分供给。

③光照管理　番茄是喜强光性蔬菜，光照饱和点为70 000 lx。及时进行吊蔓、引蔓、打底叶等农事操作，以利于通风透光，促进果实膨大。

④保花保果

药剂处理：用防落素药液喷花，即在番茄花朵正在开放时，用30～50 mg/L的防落素药液对花托部分喷雾处理。

利用熊蜂授粉：在番茄开花坐果期释放熊蜂为番茄授粉，熊蜂适宜温度为8～35 ℃。熊蜂每箱约400元，可在60～70 d内完成500 m^2温室番茄授粉任务，不需要喂食，温室内有熊蜂工作时，禁止使用杀虫剂。

震动授粉：利用震荡器震动花序促进花药开裂授粉受精，提高坐果率。

⑤植株调整

搭架：用人字架、花架均可，设施内架设细钢丝绳。分期引蔓、绑蔓。

单干整枝：只保留主蔓，侧枝长度2～3 cm及时打掉，防止养分消耗。整枝操作以下午进行为宜，每株可留6～8穗果，每穗留20～30个果为宜。

双干整枝：保留主蔓和主蔓第一花序下端临近侧枝，其余侧枝及时摘除。

摘心：最后一穗花序前留2片真叶摘心（或者落蔓）。

⑥追肥灌水　控制氮肥施用量，防止营养生长过旺，影响番茄品质。追施的肥料宜选择高钾含量的复合肥、甲壳素肥料、腐熟的豆饼、氨基酸钙等。可溶性肥料可随水冲施，饼肥需要地下埋施，钙肥一般结合其他商品叶面肥进行叶面喷施。

结果期要经常保持土壤湿润，一般1周左右灌1次水，不要忽干忽湿，造成裂果。番茄植株第1穗坐果后，每亩随水冲施美国钾宝5 kg，第2穗番茄坐果后，每亩可随水冲施海藻甲壳素20 kg，或者硫酸钾型复合肥（N-P-K为14-16-15）10～15 kg，轮换追施，每次施肥间隔10 d左右，整个生育期追肥3～4次。定植后每10 d左右叶面喷施1次0.2%的磷酸二氢钾，结果期喷施0.1%腐殖酸钙3～4次，进行叶面补充施肥。

（5）主要病虫害药剂防治　主要病虫害防治用药见表2。注意轮换用药，每种农药最多使用次数不超过表中规定。每次用药间隔期为7～10 d，一定要严格控制农药的安全间隔期。

表 2　樱桃番茄主要病虫害防治一览表

主要防治对象	农药名称	使用方法	最多使用次数	安全间隔期/d ≥
猝倒病	64％恶霜灵＋代森锰锌(杀毒矾)	500 倍液喷雾	3	3
立枯病	72.2％霜霉威(普力克)水剂	800 倍液喷雾	3	3
灰霉病	50％腐霉利(速克灵)可湿性粉剂 40％嘧霉胺(灰喜利)悬浮剂	1 000 倍液喷花处理 1 000 倍液喷雾	3 3	1 3
叶霉病	2％武夷霉素	200～500 倍液喷雾	3	2
白粉病	25％腈菌唑(富泉·伴侣)乳油	2 000 倍液喷雾	2	14
病毒病	大元素水溶性肥料绿野神(N＋P205＋K20 ≥500 g/L B:3～30 g/L)	200 倍液	—	—
根结线虫病	1.8％阿维菌素乳油＋72％农用链霉素	500 倍液灌根	1	7
晚疫病	52.5％杜邦抑快净水分散粒剂	每亩使用 20～40 mL 喷雾	3	7
白粉虱	5％啶虫脒(虱无影 A＋B)乳剂	1 000 倍液喷雾	3	10
美洲斑潜蝇	1.8％阿维菌素乳油	3 000 倍液喷雾	1	7
棉铃虫	20 亿多角体·mL^{-1} 棉铃虫核型多角体病毒悬浮液	稀释 1 000 倍液喷雾	—	—

(6)蔬菜上禁止使用和限制使用农药

①国家明令禁止使用的农药　六六六,滴滴涕,毒杀芬,二溴氯丙烷,杀虫脒,二溴乙烷,除草醚,艾氏剂,狄氏剂,汞制剂,砷、铅类,敌枯双,氟乙酰胺,甘氟,毒鼠强,氟乙酸钠,毒鼠硅。氟虫胺自 2020 年 1 月 1 日起禁止使用。百草枯可溶胶剂自 2020 年 9 月 26 日起禁止使用。2,4－滴丁酯自 2023 年 1 月 29 日起禁止使用。

②在蔬菜、果树、茶叶、中草药材上禁止使用的农药　甲胺磷,甲基对硫磷,对硫磷,久效磷,磷胺,甲拌磷,甲基异柳磷,特丁硫磷,甲基硫环磷,治螟磷,内吸磷,克百威,涕灭威,灭线磷,硫环磷,蝇毒磷,地虫硫磷,氯唑磷,苯线磷 19 种高毒农药不得用于蔬菜、果树、茶叶、中草药材上。三氯杀螨醇,氰戊菊酯不得用于茶树上。依据《农药管理条例》规定,任何农药产品都不得超出农药登记批准的使用范围使用。

(7)采收

①生长期施过化学农药的,采收前进行农药残留检测,合格后及时采收。

②鲜食的最适采收期为商品成熟期,即果实的大部分均已转色,适合就地供应,不耐长途运输。贮藏或者长途运输,适合在果实绿熟期采收,通过后熟变色后销售。

③采收期间要全面采用农业、物理、生物防病虫,严格执行安全间隔期。

三、日光温室樱桃番茄优质高效生产实用技术

019　樱桃番茄优质综合指标有哪些?

樱桃番茄优质综合指标可概括为色泽鲜亮、味道香甜、口感脆嫩、形状美观、营养、绿色等达标才能实现优质优价。辽宁职业学院(铁岭)经过多年日光温室樱桃番茄种植实践,追求品质和产量的统一,生产出外形、口感、风味俱佳的小番茄。春秋两季,每亩的产量均达 3 000～4 000 kg,实现了较高的经济效益,同时在辽北地区设施蔬菜生产中起到很好的示范作用。现将此生产技术经验进行总结,该技术适合于农业生态园、采摘园。

020　目前一些优良樱桃番茄品种的特点有哪些?

樱桃番茄优良品种有春桃、千禧、碧娇、凤珠(409)、金珠、金蜜佳等,产品各具特色,果实颜色、风味、口感各不相同,生物学特性差异也很大。管理方法得当,这些品种均能

培养成为鲜食佳果。

(1)春桃　台湾农友种苗公司育成,果实桃形,粉红色,单果质量30～50 g,每穗小花数量10个左右。果形优美,品质好,糖度高。植株生长势强,叶片肥大,耐寒性强(图2)。

(2)千禧　台湾农友种苗公司育成的圣女类型小番茄,果实桃红色,椭圆形,单果质量约15 g,糖度高达9.6%,风味佳,不易裂果,每穗小花数量14～31个。早熟,生长势强,高产,耐枯萎病,耐贮运(图3)。

图2　春桃

图3　千禧

(3)碧娇　台湾农友种苗公司育成的早熟小番茄,抗病性强,叶片极小,自封顶,分枝能力强。果实长圆形、橘红色、肉质脆嫩、糖度高、皮薄,单果质量约13 g(图4)。

(4)凤珠(409)　台湾农友种苗公司育成的小番茄,果实长椭圆形,果实肩部下方分布2～4个小酒窝(凹坑),外形不饱满,成熟果实红色,单果质量约16 g,含糖量可达9.6%,风味甜美,肉质细致。植株生长势强,抗枯萎病(图5)。

图 4　碧娇

图 5　凤珠

(5)金珠　台湾农友种苗公司育成的金黄色樱桃番茄品种，无限生长类型，早熟，叶色浓绿，叶微卷，结果力强。果实呈圆形至高球形，果色橙黄鲜艳，品质好、香味浓，糖度可达10%，单果质量约 15 g(图 6)。

(6)金蜜佳　辽宁依农科技有限责任公司选育的优质小番茄品种，口感好，含糖量可达 11%～13%，容易坐果，平均每穗坐果 40 个左右，单果质量 10～15 g，长势中等旺盛，抗病性好(图 7)。

图 6　金珠

图 7　金蜜佳

021 樱桃番茄生产应该怎样合理安排?

日光温室樱桃番茄四季均可生产,为了填补城市市场新鲜水果淡季,以 12 月份至翌年 7 月份采收上市销售价格最高。依据日光温室条件,一般安排日光温室冬春茬(9 月份定植,12 月份至翌年 5 月份采收)、春茬(2 月份定植,4—7 月份采收)、秋冬茬(7 月份定植,10—12 月份采收)生产为宜。

022 日光温室樱桃番茄生产如何施基肥做畦?

结合整地,每亩混合施入充分腐熟的农家肥 5 000 kg、硫酸钾型复合肥(N-P-K 为 14-16-15)50 kg。农家肥可选择鸡粪、猪粪、牛粪、作物秸秆等,也可两种以上混合施用。

做高畦,高 10 cm,宽 70～80 cm 为宜,两行合盖一幅地膜,地膜下方铺设 2 条滴灌带,滴水孔朝上。过道宽 80 cm 左右,有利于增加光照和空气流通,又方便游客采摘(图 8)。

图 8　高畦规格

023 樱桃番茄定植有什么要求?

在地膜上打孔两行栽苗,孔穴紧挨滴灌带,通过滴灌管带浇水定植,双干整枝方式每亩温室内定植 1 800 株左右(春桃 1 200 株)为宜。3 d 后通过滴灌管带浇 1 次缓苗水,水渗透后封严定植穴,防止番茄茎基腐病发生。

024 樱桃番茄坐果管理关键点有哪些?

(1)双蔓整枝 每株保留主蔓及主蔓第 1 花序下方近端的 1 条侧枝齐头并进生长,并及时向上引蔓,其余侧枝、花前枝摘除。每株留果穗数 10～12 个,最后果穗前端留 2 片叶摘心处理。

引蔓力求植株向上生长,合理分布,充分利用温室空间。碧娇小番茄品种自封顶,需要选择上部侧枝多次换头引蔓,以达到高架栽培的目的。

(2)保花保果 首选熊蜂授粉(图.9),优点是番茄果实种腔内籽多,汁多味美、风味更佳,还节省人工费用。温室内有熊蜂工作时,禁止使用对其有害的杀虫剂。辅助"防落素"喷花处理,即在番茄小花朵正在开放时,用 30～50 mg/L 的药液对花托部分喷雾处理。同花序上的小花开放相隔数日,需要分期处理。

图 9 熊蜂授粉

作为水果食用的樱桃番茄,商品果单果质量控制在 15 g 左右(春桃 25～50 g)为宜,所以每穗留果个数宜多些,一般每穗留果 15～20 个(春桃 10 个)。疏掉畸形果和多余的小花,提高果实商品率。

025 樱桃番茄膨果期管理关键点有哪些?

(1)适度灌水 坐果后浇水要均衡,防止裂果。适当控水,增加番茄甜度。浇水过量,易造成植株徒长,降低产量和品质;过度缺水,番茄果实表皮会增厚变硬,吃起来如同咬在塑料上,影响口感。此外每次追肥时,都要浇水。

(2)平衡追肥 樱桃番茄植株第 1 穗坐果后,在距离根际 10 cm 处穴施腐熟的豆饼肥每株 50 g,并每亩随水冲施美国钾宝 5 kg;第 2 穗番茄坐果后,每亩随水冲施海藻甲壳素生物肥料 20 kg;以后轮换追施美国钾宝和海藻甲壳素生物肥料,保证平衡供应各种营养,结果期每次施肥间隔 10 d 左右。甲壳素生物肥料需要施用 2 次以上,壮秧增甜效果才会更加明显。

结果期喷施 0.1%腐殖酸钙或氨基酸钙 3～4 次,进行叶面补充施肥。叶面增施钙肥能够预防番茄脐腐病、增加果肉硬实度,同时降低番茄酸度,也就相应起到增加番茄甜度的效果。

(3)适宜温度 依据番茄生长发育特性,结果期晴天白天 25～30 ℃,夜间 10～15 ℃为宜。晴天白天适宜高温有利于光合作用,增加产量;夜间适宜低温,降低呼吸消耗,防止植株徒长,提高品质。

夜间温度过低,0～3 ℃时,植株会受冷害,生长缓慢,造成减产。严重时叶片紫色卷曲，品质也会下降。

(4)增加光照　番茄属于强光照性蔬菜，增加光照强度和光照时间，有利于光合产物的积累，可以提高产量和品质。栽培管理上合理密植、调整好植株受光状态、控制徒长、摘除基部老化叶片等措施，都有利于增加光照。

(5)加强通风　通风良好，可以降低室内空气相对湿度，不仅减少樱桃番茄病虫害发生，也会促使果实表皮光滑鲜亮、风味变佳，外在、内在品质均会提升。此措施效果曾在番茄套袋处理时得到验证。用塑料袋套番茄果穗，袋内密不透风，湿度增加，导致番茄果实表皮粗糙、无光泽、味酸；而用套纸袋处理果穗的番茄，袋内通风良好，果实色泽鲜亮、味甜(图 10)。

图 10　套纸袋

026　为何要注重后期叶片保护？

叶片是进行光合作用、制造营养的重要器官。叶片数量不足、老化、发黄(叶绿素含量降低)、病虫为害、尘土污染、药害、冻害等状况发生时，都会导致减产和品质下降。进入结果期，功能叶片易感病害，番茄叶霉病、白粉病等多是从功能叶片开始发病的，而老叶、嫩叶发病较轻。

生长季叶面喷施长春市宏丰肥料科技有限公司的大量

元素水溶肥料绿野神（$N + P_2O_5 + K_2O \geqslant 500$ g/L，B：3～30 g/L）200 倍液 2～3 次，保持番茄健康生长状态。这样既能补充营养，又能缓解药害、肥烧、冷害，增加叶片叶绿素含量，减轻褪绿病毒病危害。

027　如何开发樱桃番茄采摘销售模式？

樱桃番茄一般带小果柄采收装箱上市，保湿低温贮藏保鲜。2016 年在辽宁职业学院的指导下，沈阳志诚朵朵儿童农庄（铁岭）按照无公害农产品规程生产温室果蔬，并将美味的金珠小番茄起名为“金果果”，嫩甜的碧娇小番茄起名为“红果果”。该系列产品在沈阳超市零售单价为 29.6 元/kg。他们还曾经开发出一款特色加工产品——超市现做“小番茄冰糖葫芦”，深受儿童喜爱。

四、日光温室秋延晚番茄绿色高产栽培关键技术

028 辽北(铁岭)地区日光温室秋延晚番茄生产概况如何?

日光温室秋延晚番茄—春茬黄瓜(或豆角等)高架栽培模式是冬季高寒的辽宁铁岭地区重要设施蔬菜生产模式。该生产模式中,番茄的生长发育要经历夏季高温炎热到冬季严寒的过程。尽管番茄属于适应性最强的蔬菜种类之一,同样会面临高温、高湿、植株徒长、病虫害高发等不利因素影响。总结成功的管理经验,采取系列关键技术,调节营养生长与生殖生长平衡,使番茄生产达到高产优质水平,获得较高的经济效益和生态效益。

029 日光温室秋延晚番茄生产安排如何实施?

一般在 6 月上中旬搭防雨棚播种育苗,7 月份定植,9 月上旬—10 月上旬开始采收,次年元旦前后植株拉秧倒茬。

030 适宜日光温室当地秋延晚番茄生产的主要优良品种有哪些?

选择既耐热,又耐低温,生长势强、抗病、丰产、耐贮藏运输的中晚熟品种。主要优良品种有百利、奥妮、凯乐、天赐一号、天美一号等。

(1)百利　荷兰瑞克斯旺公司生产番茄杂交一代,无限生长类型、大架品种、生长势旺盛,坐果率高,早熟、丰产性好。果实大红色、圆形、中型果,单果质量 180～200 g,最大单果质量可达 240 g 左右,色泽鲜艳,口味佳,无裂果,无青皮,质地硬,耐运输,耐贮藏。适合出口外运及长途运输。抗烟草花叶病毒病、筋腐病、枯萎病。耐热性好,在高温、高湿条件下能正常坐果,适合春、秋两季日光温室栽培。

(2)奥妮　辽宁沈阳德亿农业发展有限公司从荷兰引进的番茄杂交一代,长货架、耐贮运鲜食型番茄品种,口感非常好。属无限生长类型。植株生长健壮,中早熟,果实鲜红色,果实均匀整齐,表面光滑,硬实度好,平均单果质量 220 g(图 11)。坐果率极高,丰产性突出,前期产量很高,成熟期集中。果实无青肩或青腐现象,果肉厚,极耐贮运。抗病性突出,对病毒病、叶霉病、晚疫病都有很好的抗性。

图 11　奥妮

一般高架栽培每亩产量在 15 000 kg 以上。

(3)凯乐　辽宁沈阳爱绿士种业有限公司最新培育成的高硬度抗 TY 病毒病大粉果番茄品种。无限生长型，平均单果质量 250～280 g，最大可达 360 g。果实高圆型(苹果型)，果面光滑，萼片肥厚美观，果型整齐，精品果率高，果肉特硬，耐长途运输。适合春秋两季日光温室栽培。

(4)天赐一号　辽宁沈阳谷雨种业有限公司生产的一代杂交种，无限生长型，长势强，产量高，粉红果，果型高圆，单果质量 220～250 g，硬度高，货架期长，精品果率高。抗 TY 病毒病、抗烟草花叶病毒病(TMV)、抗叶霉病等番茄常见病害，适合秋番茄设施生产。

(5)天美一号　辽宁海城市三星生态农业有限公司生产的一代杂交种，植株无限生长型，长势强，粉红果，商品性好，坐果能力强，单果质量 220～250 g，硬度好，货架期长，精品果率高，抗番茄黄化曲叶病毒病(TYLCV)、抗叶霉病、灰叶斑病等，适应性强，易栽培管理，适合秋延、越夏番茄设施栽培。

031　采用传统育苗方式如何培育壮苗?

育苗公司目前多采用基质(草炭、珍珠岩、蛭石和各种营养元素配制而成)育苗方式，传统的营养钵装营养土育苗比例不断减少，但是后者对培育壮苗有利，还能就地取材、节约成本。

(1)种子处理　先晒种 1～2 d，再浸种。把种子在水中浸泡 10 min 左右，之后用温汤浸种或药剂浸种杀菌消毒，转入常温浸泡 6 h。

药剂浸种：将上述浸泡过的种子用福尔马林溶液 100 倍液浸种 10～15 min，或用 10%的磷酸三钠溶液浸种 20 min，或 0.1%的高锰酸钾溶液浸泡 10～15 min。药剂浸种后的种子用清水洗净后在 28～30 ℃的培养箱中催芽，当种子“破嘴”，露出白色胚根时即可播种。经过磷酸三钠或高锰酸钾处理的种子，可不催芽，清洗、晾干后直播。

(2)营养土配制　选肥沃的大田土和充分发酵腐熟的厩肥配制营养土，过筛后按照 7∶3比例混合；1 m^3 营养土加入过磷酸钙 2 kg，草木灰 5～10 kg，磷酸二氢钾 0.2 kg；拌入多菌灵 400 g 和育苗母剂 1 000 g，充分混合均匀后备用。

(3)播种　每 1 m^2 苗床播种质量 3 g 左右。播种前苗床浇透水，经过浸种的种子拌少量细炉渣后均匀撒播。播种后盖一层药土，厚度为 0.8～1 cm，上面覆盖青草保墒。种子 2/3 拱土，及时撤去覆盖物，防止幼苗徒长。

(4)苗期管理　播种后在苗床上搭拱棚，覆盖防虫网、遮阳网，遮光降温，防止害虫侵袭。在幼苗长到 2 叶 1 心时分苗，分苗于 10 cm×10 cm 的营养钵内，徒长苗要深栽，分苗时浇透水。以后每 2～3 d 浇 1 次水，保持营养土见干见湿。因为营养土中加入一定量育苗母剂，过度控水易形成老化苗。每 5～6 d 喷 1 次杀虫剂和杀菌剂，主要防治美洲斑潜蝇、白粉虱和苗期病害。幼苗期叶面喷施 0.2%的磷酸二氢钾 1～

2次，能起到壮秧防病的作用。幼苗长大后及时“排稀”炼苗，以不搭叶为准。当幼苗长到4～5片叶时即可以定植。

032 高温期番茄定植有哪些要求？

(1)定植前准备　定植时保留春茬生产时使用的旧棚膜，夏季不将其撤换掉，打开下端通风口，加大通风量，既可防止雨淋，又能降低室内温度，防止一些病害的发生。定植前空闲时间密闭温室进行高温闷棚处理，能够杀灭多种病菌。

(2)整地施基肥做畦　一般每亩施基肥量为腐熟的有机肥5 000 kg，硫酸钾40 kg，磷酸二铵30 kg，深翻入土后耙平。耙平后按照一定的行距开设10 cm深的定植沟。

(3)定植　首先向定植沟内摆苗，脱掉营养钵后覆土浅埋土坨，然后沿沟内灌足水，2～3 d后浇缓苗水，水渗透1 d后起垄，起垄高度约10 cm。此操作目的是促进伤口愈合，防止定植时受伤幼苗在高湿条件发生番茄茎基腐病。定植时每亩穴施1 000 g育苗母剂可有效防治定植后植株徒长，有效期30 d左右。高架栽培可以按(40～45) cm×(80～90) cm株行距进行，以每亩保苗2 000株左右为宜。

033 番茄定植后如何加强管理提高产量和品质？

(1)及时植株调整　当苗高30 cm时，要及时吊蔓。植株上方南北向拉8#铁线或细钢线并系上尼龙绳，尼龙绳下端绑在植株茎基部第一穗果下方。采用多穗单干整枝方式，侧枝长度2～3 cm时及时打掉，防止养分消耗，并及时引蔓上绳，整枝操作下午进行为宜。每株可留6～8穗果，最后一穗花序前留2片真叶摘心，每穗留3～5个果为宜。株高可达2 m左右，因此称为番茄高架栽培。

（2）注重保花保果　每个花序有2/3小花开放时，用浓度25～50 mg/L的丰产剂二号（防落素）喷花托处理。时间一般在上午8—10时为宜，一般间隔5～6 d处理1次，为防止重复喷花，可加入少量红色标记。番茄坐果后及时疏花疏果，夏季番茄植株长势旺，花序上容易着生花前枝，应及时摘除，避免与果实抢夺营养。

（3）温度管理　定植后外界温度较高，应加大放风量以降低室温，达到防止番茄徒长的目的。一般在9月中旬更换新棚膜，进入10月中旬覆盖草苫（或者棉被），夜间覆盖，注意保温防寒。

（4）光照　番茄是喜强光性蔬菜，及时进行吊蔓、引蔓、打底叶等农事操作，以利于通风透光，促进果实膨大。

（5）严格肥水管理调节生长平衡　坐果前，一般不施肥，适当控水，以防疯秧。同时防止棚膜漏雨，防止水涝，预防病害发生。此期间主要任务是调节营养生长及生殖生长的平衡，以防止番茄徒长，促进开花结果。

当番茄植株坐果后，开始施肥灌水。施肥灌水偏早，植株营养生长旺盛，下层（1～2穗）果小、晚熟；施肥灌水偏晚，植株营养生长受抑制，下层（1～2 穗）果大、早熟，但是总产量降低。因此，抓住施肥灌水时机，调节营养生长与生殖生长平衡，对番茄增产增效尤为关键。整个结果期每隔 10～15 d 追 1 次肥，每次每亩冲施复合肥（N-P-K 为 15-15-15）15～20 kg，或美国钾宝（N-P-K 为 10-6-20）10 kg，整个生育期施肥 4～6 次。勤浇膨果水，一般每 6～7 d 浇水 1 次，结果期叶面喷施钙硼宝 2～3 次，预防番茄裂果、脐腐病和空洞果的发生。

034　秋延晚番茄注重预防哪些病虫害?

日光温室秋番茄生产中重点防治晚疫病、病毒病、灰霉病、白粉病、根结线虫病、灰叶斑病、茎基腐病等侵染性病害，棉铃虫、粉虱、美洲斑潜蝇等虫害，畸形果、僵果、裂果、空洞果、脐腐病等生理性病害。要贯彻“预防为主，综合防治”的病虫害方针，采用番茄病虫害绿色防控技术，生产绿色无公害农产品。具体防治措施参照后文设施番茄常见病虫害绿色防控。

035　日光温室秋延晚番茄产量和效益如何?

根据市场行情，一般前期采用多留果穗的方法，抑制前期果实早熟，第 1、2 穗果采收后，及时打掉底叶，尽量提高棚内管理温度，促进上部果实成熟。一般每亩番茄高产可达 10 000 kg 以上，种植高产优质品种经济效益突出。

五、口感型番茄设施生产实用技术模式

036 什么是口感型番茄？

随着人们生活水平的提高，休闲农业、生态采摘园应时而起，但是在种植高效作物的品种安排和管理水平上参差不齐。经过多年实践，辽宁职业学院通过选择适宜的大果型番茄品种，采用“控制”番茄生长的手段，生产出了果实口感风味俱佳、胜过时令水果的口感型番茄。

口感型番茄，不同于当前市场上果肉厚实、抗病高产、贮藏期长、不好吃的硬果番茄，也不是樱桃番茄。如果采用台湾农友种苗公司经销的真优美、粉太郎等番茄品种，这些品种本身具备汁多、肉厚、果皮粉红色、果皮较薄等优良性状，再通过生产各个环节的精心控制，如控水、控温、控制施肥种类等，使番茄果实品质更加优良，就可以达到媲美水果的食用口感标准（图 12）。口感型番茄生产填补了北方冬春应季水果空白，特别是满足了一些血糖高的人群鲜食果蔬的需求。发展口感型番茄，具有较高的经济效益和社会效益。口感型番茄设施生产技术模式适用于休闲农业、生态采摘园。

图 12　口感型番茄

037　口感型番茄生产对设施有哪些要求?

口感型番茄生产可以选用建造标准较好的日光温室、塑料大棚等设施，必须采用避雨栽培，方便通风降温、排湿，以减少病虫害发生。选择沙壤土、地势高燥、不易积水、营养齐全、土壤有机质含量高的地块。

038　适合口感型番茄生产模式的主要品种有哪些?

生产上多采用真优美、粉太郎、京采 6 号等粉色大果品种。这些品种皮薄、沙瓤、味浓，适合鲜食，符合各地消费者习惯，更有利于达到预期生产目标。

真优美：从日本引进，无限生长类型，果实深粉红色，耐寒性和抗病性较强，但不抗根结线虫病。该品种全年占据辽宁铁岭城区番茄市场 50%以上份额，当地称其为“草莓柿子”。但存在品质良莠不一的现象，管理好的口感酸甜可口，管理差的口感普通(图 13)。

粉太郎：从日本引进，分为耐寒、耐热两种类型，皮薄、味儿甜，生长势旺盛，深受沈阳市民喜爱（图 14）。

京采 6 号：北京现代农夫种苗科技有限公司引进国外优质资源，精心培育的“草莓柿子”新品种，无限生长类型，早熟，单果质量 130～200 g，正圆形，未熟果有明显的条状绿肩，成熟果粉红色，口感细腻，酸甜可口，番茄味特浓，糖度可达 7 波美度，适合作为水果鲜食（图 15）。该品种长势稳健，综合抗性强，高抗番茄黄化曲叶病毒病，对根结线虫病及叶霉病抗性较强。

图 13　真优美

图 14　粉太郎

图 15　京采 6 号

039　口感型番茄什么时间上市效益最好？

采收期安排在 11 月份至翌年 7 月份为宜，目的是避开夏秋季节各种水果上市旺季，填补应季水果空白，提高商品价值。据统计，2008—2017 年，辽宁职业学院实训园区生产的口感型番茄真优美零售价格 1—4 月份为 10 元/kg 左右，5 月份为 8 元/kg 左右，6—7 月份、11—12 月份为 6 元/kg 左右。另外，高温多雨季节，番茄植株易徒长和发生裂果等生理病害，品质也不好控制。

因此，在辽宁温室春茬一般 11 月下旬播种，2 月上旬定植，4 月上旬开始采收上市；温室秋茬 5 月上旬播种，8 月上旬定植，10 月上旬开始采收上市。

040　如何利用基质培育番茄壮苗？

播种前一定要进行种子消毒处理。常用温汤浸种，即用 55～60 ℃温水不断搅拌浸泡 15 min。可选用济南峰园农业技术有限公司经销的育苗基质，该基质主要由草炭、珍珠岩、蛭石混配而成，有机质、腐植酸及植物纤维占 60%以上，富含菜苗所需营养元素，使用方法简单。装盘前应先将基质加入适量的水闷湿均匀，标准是手握成团不滴水，松手即散，装入穴盘后刮平，然后叠盘，均匀用力压出 0.5～1 cm 深的小坑。将消毒处理过的种子点播在穴盘内，然后用内装小袋蛭石覆盖平整，再喷水至基质湿透即可。注意播种时和今后管理过程中洒水量不宜过大，以防养分随水流失。出苗期适宜温度 25～30 ℃，4～5 d 出齐后及时揭去覆盖物。

由于育苗时间过长易诱发番茄病毒病，苗龄不宜过长，高温季节 30 d 左右，低温季节 45～60 d。由于口感型番茄整个生育期都在控制生长，定植后干旱环境控制，加上温室内蓟马、白粉虱等害虫传播病毒，都会增加番茄病毒的发生概率。幼苗具备 5～7 片真叶时即可定植。

041 如何增施有机肥?

有机肥主要选择充分腐熟的农家肥,如鸡粪、猪粪、牛粪等,也可两种以上混合施用,建议每亩施用 5 000 kg。结合施用农家肥,采用秸秆生物反应堆技术,效果更佳。即在土壤耕作层下铺设玉米秸秆,并在秸秆上施用腐生生物菌(有效活菌数$\geqslant 2\times10^{10}$ CFU/g),使秸秆在通氧的条件下分解产生热量、CO_2及释放速效养分。

042 为什么要高畦定植?

做高畦,畦的高度最好在 20 cm 左右,畦面宽 70～80 cm,加强室内空气流动,还能方便控制田间积水。畦面上定植 2 行,合盖一幅地膜,过道宽 80 cm 左右,方便游客采摘,同时又有利于通风透光。

043 为何采用高架栽培方式?

采用高架栽培,单干整枝,株高 2 m 以上,每株留果 6～8 穗,实践证明,越是靠近上层的果实,口感越好,如真优美 3 层以上果实在形状、色泽、口感上均优于下层果实(图 16)。每亩定植 2 000 株左右为宜,不可过密,过密不利于通风,加重病虫害滋生,影响番

图 16 高架栽培

茄品质。

044 提升番茄品质的理想株型是什么?

口感型番茄生产能否成功,关键是番茄口感能否达到预期风味,同时要兼顾产量要求和无公害生产要求。培养出合适的株型,才会出现理想的结果。如真优美番茄,出现理想的株型后,结出的果实表现绿果肩、纵向清晰放射状条纹,酸甜适口、风味独特。理想的株型应具备:主茎不能太粗,基部茎粗 1.0 cm,距离地面 50 cm 处茎粗 1.0~1.2 cm,距离地面 100 cm 处茎粗 0.7 cm,上下匀称,茎节间长度 6 cm 左右,长势偏弱,但生长点生长不能停滞。叶片颜色浓绿,叶片厚实、较小,植株清秀。要达到理想株型,需要对番茄生长各环节进行环境条件综合控制。

045 定植后如何管理?

定植 3 d 后,浇适量缓苗水。缓苗水控干 1~2 d 后,再封严实定植穴,以预防番茄茎基腐病发生。此后控制浇水,控水时间主要根据番茄植株长势。晴天中午番茄叶片出现中度萎蔫时适量灌水。为使番茄长成理想株型,进行高温干旱管理,晴天白天温度控制在 28~30 ℃,夜间 10 ℃左右。

046 开花期如何保花保果?

口感型番茄主要采用两种方式防止落花落果:①用防落

素药液喷花，即在番茄花朵正在开放时，用30～50 mg/L的防落素药液对花托部分喷雾处理。优点是果实膨大快，但会导致果实种腔内籽少，甚至没有籽。②利用熊蜂授粉，即在番茄开花坐果期释放熊蜂为番茄授粉。优点是番茄果实种腔内籽多，汁多味美、风味独特，还节省人工费用（图17）。熊蜂购自荷兰科伯特生物技术系统公司，每箱400元，可在60～70 d内完成500 m^2温室番茄授粉任务，不需要喂食，温室内有熊蜂工作时，禁止使用杀虫剂。

图17　熊蜂设置

作为水果食用的口感型番茄，商品果单果质量控制在100～150 g为宜，所以每穗留果个数要多些，4～6个均可。疏掉畸形果和多余果实，提高果实商品率。

047　结果期温度如何管理?

结果期采用三段变温管理模式。即晴天白天温度控制在25 ℃左右，前半夜14 ℃左右，后半夜10 ℃左右。后半夜温度不宜过高，否则植株易徒长，果实膨大慢，晚熟减产。

048　结果期控制灌水的依据是什么?

总体掌握番茄植株晴天中午轻度萎蔫，傍晚恢复正常，生长点细弱，但是生长不能停滞，参照此指标进行适量浇水（图 18）。另外每次追肥时，都要浇水。坐果后浇水要均衡，防止裂果。适当控水，增加番茄甜度；过度缺水，番茄果实表皮会增厚变硬，影响口感。

图 18　植株形态

049　结果期合理施肥的依据是什么？

追施的肥料宜选择高钾含量的复合肥、甲壳素肥料、腐熟的豆饼、氨基酸钙等，有利于提高番茄品质，切忌过量施用氮肥。可溶性肥料可随水冲施，饼肥需要地下埋施，钙肥一般结合其他商品叶面肥进行叶面喷施。

番茄植株第 1 穗坐果后，每亩可随水冲施美国阿尔法农化（青岛）有限公司生产的美国钾宝 5 kg，第 2 穗番茄坐果后，每亩可随水冲施潍坊农帮富肥业有限公司生产的海藻甲壳素 20 kg，轮换追施，每次施肥间隔 10 d 左右，整个生育期追肥 5～6 次。

050　如何增加光照管理？

番茄为喜光作物。为了保证温室内的光照时间和光照强度，宜采取以下措施：适宜的定植密度，高架栽培每亩不超 2 000 株；单干整枝，及时摘除植株基部叶片；选择聚乙烯长寿无滴膜覆盖温室；在保证温度的前提下，冬天清晨揭开保温被要早，傍晚盖上保温被延后；雾霾天气不通风。

051　重点防治哪些病虫害？

设施番茄主要需预防病毒病、灰霉病、晚疫病、叶霉病、白粉病、根腐病、根结线虫病等病害；预防温室白粉虱、蓟马、棉铃虫、美洲斑潜蝇等虫害；预防果实脐腐病、畸形果、裂果等生理性病害。依据“预防为主，综合防治”的方针，加强田间管理，保持通风干燥，清洁室内卫生环境，减少病虫害滋生。实时监控，在病虫害发生初期，及时用药防治。精确诊断发生的病虫害，选择高效、低毒、低残留的药剂防治，做到对症用药，保证番茄符合无公害农产品质量要求。具体防治措施参照后文设施番茄常见病虫害绿色防控。

052　如何进行采收分级？

在辽宁铁岭地区，日光温室番茄生产一般设早春、秋冬两个茬口，若管理得当，口感型番茄每茬口每亩产量可达4 000～5 000 kg。果实表面稍红即可采收，酸甜口味，完熟后果实甜味增加。采收后贮藏几天别有风味。采摘后，根据果实大小、外形及绿果肩有无等特征进行分级装箱销售，以实现优质优价。

六、辽北地区日光温室越冬番茄优质高效生产技术模式

053 辽北地区番茄生产现状和存在的问题有哪些?

辽北地区冬季高寒,寒潮来临时户外气温最低可达 -27～-20 ℃,每次持续时间一般 5～15 d,每年寒潮出现 1～2 次,多出现在 12 月下旬至翌年 2 月上旬,制约着当地日光温室果菜类蔬菜生产安排。因此,当地日光温室番茄生产形成春、秋两个鲜明茬口:①春茬,一般 1—2 月份定植,6 月份拉秧;②秋茬,一般 6—7 月份定植,11 月份拉秧。

当地番茄生产一直存在“重产量、轻品质”的问题,每亩日光温室秋番茄产量可达 1 万 kg,春番茄产量可达 0.8 万 kg,但是产品上市集中,销售价格不稳定。如 2018 年 10 月份收购价高达 5 元/kg,而 2016 年 11 月份收购价曾经降到 0.6 元/kg,经常是“增产不增收”。

054 辽宁职业学院进行的日光温室越冬番茄优质高效生产实践的意义是什么?

辽宁职业学院进行多年日光温室番茄生产实践,致力于解决番茄产量和品质存在的矛盾,没有片面追求高端、高价的销售路径,在当地创出了口感型番茄,曾经获得较好的经济效益和社会效益。在此基础上,2018—2019 年进行了日光温室越冬番茄优质高效生产实践,生产的口感型番茄(真优美)每亩总产量可达 5 000 kg 以上,产品绿色果肩、纵向放射状条纹明显,含糖量高达 8%,酸甜可口,符合大众鲜食水果口感标准。1—3 月份批发价格高达 16 元/kg,同期生产的樱桃番茄(凤珠)每亩总产量可达 4 000 kg 以上,产品含糖量达到 10%,皮薄、肉质脆嫩,1—2 月份零售价格达30 元/kg。该技术填补了辽北地区日光温室越冬番茄生产的空白,实现了产品优质优价,同时由于结果期长,产量相应提高,经济效益显著,适合于休闲农业、生态采摘园。

055 为何要采用加温设备?

辽宁职业学院实训园区日光温室为改进的辽宁鞍山Ⅲ型,单层棉被覆盖,保温效果略逊于辽宁铁岭当地传统的高纬度强化保温型日光温室。在口感型番茄日光温室秋冬生产中,进入 12 月份低温季节,室内最低气温降到 2～3 ℃,仅仅能维持植株不受冻害,虽产品销售价格高,但是番茄不能正常开花结果，因此不能连续生产。显然要进行番茄越冬生产，就必须克服这样的低温条件。为此，温室（长度70 m）东西两侧各安装1台全自动智能温控暖风机（功率为10 kW或15 kW）。实践证明应用此辅助加温方式既能保证温室越冬番茄生产安全，又经济划算。应用暖风机优点有3点：①自动控温；②升温快，开启后暖风即扑面而来；③节约环保。仅在12月下旬至翌年2月上旬寒潮来临期夜间辅助加温，维持室内最低温度10～12 ℃为宜（图19）。

图19　暖风机

056　选择哪些优良品种较好？

选择耐低温、抗病性强、生长势强、外观口感风味俱佳的优良番茄品种，如真优美、凤珠（409）等种植。

真优美：从日本引进，无限生长类型，大果型番茄，果实深粉红色。经过植株控旺管理，会出现以果实脐部为中心明显的放射状条纹，绿果肩，单果质量50～150 g，口味酸甜。耐寒性和抗病性较强，较耐番茄病毒病，不抗根结线虫病。株型清秀、紧凑，叶深绿色，适宜密植。

凤珠（409）：台湾农友种苗公司育成的无限生长类型樱桃番茄，果实长椭圆形，果实肩部下方分布2～4个凹坑，外形不饱满，成熟果实红色，单果质量约 16 g，肉质细致，风味甜美，含糖量可达 9.6%。植株生长势、耐寒性和抗病性较强，较耐番茄病毒病，抗根结线虫病和枯萎病。

057 如何合理安排生产?

主要依据市场需求，8 月上旬育苗，9 月上旬定植，12 月中旬至翌年 6 月中旬采收。

058 怎样培育无病毒壮苗?

番茄高温季节育苗关键技术是防止幼苗徒长和防止病毒病传播。具体措施有 3 条：①避雨育苗，育苗场地要加强通风。②基质内适量加入辽宁省农科院土肥所研制、沈阳市金桥专用肥料厂生产的蔬菜花卉育苗母剂（含腐殖酸>30%，$N+P_2O_5+K_2O$>20%，下同），能给秧苗提供全面合理的营养成分，并使苗齐苗壮、根系发达、叶片肥厚浓绿，并能有效调控蔬菜秧苗的徒长，每 1 m^3 基质中均匀混入 500 g，苗期不可控制浇水，防止形成老化苗。③及时防虫，防止病毒病传播。蓟马发生初期，可用 6%乙基多杀菌素乳剂 1 500 倍液，或 0.6%烟碱·苦参碱乳油 1 000 倍液喷雾防治；粉虱发生初期，可用 5%的啶虫脒（A+B 虱无影）乳剂 1 000 倍液喷雾防治。

059　整地施基肥定植有哪些要求?

9月上旬定植前，每亩施基肥量为腐熟的有机肥 5 000 kg，硫酸钾型复合肥（N-P-K 为 14-16-15）50 kg，混匀深翻入土后耙平。

按照 80～85 cm 行距开设 5 cm 深的定植沟，按株距 35 cm 栽苗，每亩保苗 2 200 株左右为宜。首先向定植沟内摆苗，覆土浅埋根部，然后沿沟内灌足水，2～3 d 后浇 1 次缓苗水，苗长高到 25 cm 左右时起 10 cm 高的垄，每行根际铺设 1 条滴灌带，滴水孔朝上。定植时每亩根部穴施 1 000 g 育苗母剂防止植株徒长，有效期约 30 d。生长至 9 月下旬，每 2 行铺设 1 幅黑色地膜以利保墒。

060　越冬前基于坐果的特色管理有哪些?

（1）植株调整　单干整枝。只保留主干，其余侧枝生长到 10 cm 长度时及时抹掉。当植株高达 30 cm 左右直立生长时及时绑蔓，尼龙绳上端留有活动余地并打结悬挂于温室半空布设的铁线上，下端亦留有余地系扣，要求既能方便解开又能牢固地绑定植株，也可采用专用番茄塑料夹子固定尼龙绳，并卡住植株下端苗茎，顺着同一方向缠绕植株引导其向上生长，顺着铁线调整尼龙绳间距使植株合理占据室内空间。

（2）保花保果　“防落素”药液喷花处理。大果型番茄

(真优美)每穗花序有3～4朵小花正在开放时,用30～50 mg/L的药液对花托部分喷雾处理,一般间隔6 d处理1次,每个花序一般可着生3～10朵小花并相继开放,为增加每穗坐果数量,后期开放的小花可继续喷花处理,每穗可选留3～6个果,疏掉畸形果和过多的小花,提高果实商品率。樱桃番茄(凤珠)同法处理,每穗可留果15～20个。

(3)严格肥水管理控旺　控制水分是控旺提升品质的关键措施。定植后,充足供水,促使其生长健壮。坐果期适当控水,促进果实膨大。结果期"以果控秧",均衡浇水。

平衡施肥是控旺提升品质的保障。在增施优质有机肥料的基础上,结果期每10 d左右施1次肥,选择高钾含量复合肥料,每亩可随水冲施美国阿尔法农化(青岛)有限公司生产的美国钾宝(N-P-K为10-6-20)5 kg。交替施用高钙含量水溶性肥料,每亩可随水冲施潍坊农帮富肥业有限公司生产的海藻甲壳素20 kg,忌偏施氮素化肥如尿素等。

061　番茄栽培中的关键技术对生产优质产品的作用如何?

当前"控旺"对番茄品质的提升效果得到一致认可。2008年5月份辽宁职业学院在日光温室口感型番茄生产中,曾因一次防治病虫害时造成烟害,结果中期番茄植株的壮龄叶片全部干枯,却意外收获了非常好吃的番茄,其果皮嫩薄、回味香甜,结果是优质优价。此外日光温室中受到土壤根结线虫轻微危害的植株，长势变弱，结出的果实却特别甜、硬度好。

口感型番茄生产技术中优良品种的选择是主要环节之一，但是番茄栽培中的关键技术对生产优质产品所起的作用应该是共同的、综合的，切不可任意夸大某一措施的作用。通俗地讲，“大厨做菜比手艺”，有了好的食材，同时刀功、火候、秘制配方、调料种类与顺序等都会影响菜品的色香味。同理，每个人种植出来的番茄味道都有区别，很难绝对地复制。综合来讲，品种、肥料、水分、温度、光照、叶片质量、病虫害等都会影响品质。

辽宁职业学院曾经对番茄开花期植株进行断根、肥烧等处理试验，没有达到理想的“控旺提质”效果。另外，番茄坐果期（整穗）套纸袋处理后，果实表皮光泽靓丽、皮薄不裂，而套塑料袋处理后，果实表皮粗糙、味儿酸，间接验证了降低空气湿度会提高番茄品质。辽北地区越冬番茄生产能够满足昼夜温差较大、光照充足条件，因此土壤和空气湿度控制、增施优质有机肥、平衡施肥、叶片保健等环节，尤为重要。

062　越冬期怎样进行连续坐果膨果管理？

（1）低温期连续坐果　番茄开花期从 10 月上旬至翌年 4 月下旬，时间长达 7 个月，需要根据室内温度变化和植株长势调整药剂浓度。由于低温环境、果实坠秧、管理控旺等原因，造成植株生长点有滞育倾向时，需要加强管理，待植株恢复常态后再喷花处理。

番茄开花、坐果期长期处于超低温环境下（温室内夜间低温降到 1～6 ℃），容易出现较多僵果（果面暗淡少光泽，果肉口感僵硬）、豆果、裂果（脐部不封口类型）。保证室内温度、土壤湿度符合番茄生长发育要求，可促使花开鲜艳。喷花处理后，果实才能正常膨大。

（2）适度灌水　寒冷季节仅在冲施肥料时适度灌水，以保护地温。

（3）辅助加温　加强保温的基础上，进入 12 月下旬，有寒潮（户外气温 －27～－20 ℃）来临，或者连续阴雪天气，室内温度过低时，开启全自动智能温控暖风机，设定目标温度（温室内要达到的温度）12 ℃，温度回差（低于目标温度 2～3 ℃ 再加温），既能保证番茄药剂保果处理后果实膨大正常，还兼顾节约能源。

（4）科学通风　通风可以调节室内温度、湿度，同时补充 CO_2 浓度。通风应以满足番茄生长发育温度为主要依据，晴天以白天 25～30 ℃，夜间 10～15 ℃ 为宜，在此基础上，尽量增加通风量和通风时间，以降低湿度预防病虫害发生，同时提高番茄品质。另外夜间全自动智能温控暖风机工作时，促使空气流动，也起到增温降湿作用。

063　越冬后的植株复壮管理措施有哪些？

（1）落蔓　当番茄生长点接近铁线时及时落蔓：打开植株下端尼龙绳绑定的活扣，左手拎着植株，右手渐渐松解缠

图 20　落蔓

绕主干的尼龙绳，然后依据植株下落长度，持塑料夹子固定在尼龙绳适宜位置，同时卡住植株中间相应节位。调整植株下落长度和位置，使植株统一向南（或统一向北）倾斜，降低植株高度，植株上端仍缠绕于尼龙绳上继续引导向上生长。果实渐变转红后其下端老化叶片均可摘除，以利通风透光。植株长度可达 3 m 以上，单株结果 10 穗以上（图 20）。

（2）加强肥水管理　植株通过落蔓降低高度，加强肥水供应，植株生长势恢复健壮以后，表现为上层花开得艳丽，果实表面光泽明显，番茄产量和品质均有提升。

064　病虫害全程预防如何抓重点？

越冬番茄生长期长，不同时期要有不同的病虫害预防重点：定植后预防茎基腐病、病毒病、蓟马、棉铃虫；9—10 月份预防晚疫病、白粉病、棉铃虫；翌年 2—3 月份预防番茄叶霉病；全程预防灰霉病、粉虱、美洲斑潜蝇。依据“预防为主，综合防治”的方针，加强田间管理，实时监控，做好“未病先防、既病早治、瘥后（病愈）防复”。发现病虫害初期及时采取物理手段，如人工摘除菌虫病残，并带出田外销毁。配合使用生物药剂、高效低毒的化学药剂进行药剂保护，保证产品质量安全。

065 该生产技术模式效益如何?

1台全自动智能温控暖风机价格约1 000元,寒冷季节1栋日光温室2台暖风机平均1 d辅助加温合计耗电量约160 kW,合计费用约128元。约50 d的加温时间,总计耗电费约6 400元。相对越冬番茄的高效,投入产出比低,而且环保。

辽北地区日光温室春番茄一般4月上旬才刚刚开始上市,而越冬番茄采收期可从12月中旬至翌年6月中旬,不仅经济效益显著,同时填补了辽北地区日光温室1—4月份番茄市场供应空缺,具有很好的社会效益。

七、日光温室番茄椰糠基质无土栽培技术模式

066　辽宁地区日光温室番茄椰糠基质无土栽培发展现状如何?

随着设施蔬菜生产的发展,作物种植年限的延长,土壤中盐分及病原菌不断积累,设施内出现土壤次生盐渍化、养分失衡、土壤微生态环境恶化等问题,已成为制约蔬菜发展的关键因素。日光温室番茄生产中以椰糠为基质成功地解决了这些问题。设施番茄无土栽培以椰糠为基质在辽宁地区已经开始推广试验,属于一种新型蔬菜栽培模式(图 21)。

图 21　椰糠基质无土栽培

067 哪些品种适合日光温室番茄椰糠基质无土栽培应用?

日光温室番茄椰糠基质无土栽培,宜选择无限生长型、抗逆性强、品质优良的品种,如金蜜佳、金珠、金桔、真优美等。

068 日光温室番茄椰糠基质无土栽培如何育苗?

番茄苗期叶片较小,一般选择 72 孔穴盘进行播种育苗。冬季选择保温性好的基质(草炭:珍珠岩:蛭石体积比为 7:2:1),夏季选择保水性好的基质(草炭:珍珠岩:蛭石体积比为7:1:2)。为了保证苗的质量和数量,尽量用进口草炭配制基质。基质配制完成后,用 75%多菌灵可湿性粉剂 1 000 倍液消毒处理。基质装盘时要均匀,掌握疏松度。装盘完成后播种,播种深度为 0.8～1.0 cm,播后覆盖蛭石 0.8～1.0 cm,防止小苗“戴帽”。播种后浇透水,温度保持在 25～28 ℃,4～5 d 出齐后及时揭去覆盖物。

苗龄不宜过长,高温季节 28 d 左右,低温季节 40 d 左右,幼苗具备 4～5 片真叶时即可定植。

069 日光温室番茄椰糠基质无土栽培如何准备种植沟?

(1)整地和调整土壤水分　地面整理成南低北高、坡降为 0.2%的平面。土壤过干则要浇水,水渗透到地面 20 cm 以下,土壤过湿则要晾晒,以相对湿度 60%～70%为宜。

(2)开种植沟　从温室东侧墙留1.5 m宽的过道后开第1条种植沟。种植沟南北方向,北端距离后墙过道10 cm,种植沟宽18 cm、深15 cm,行距150 cm,保证每条沟的长度一致。温室南端预留40 cm距离开排水沟(图22)。

图22　种植沟

(3)开排水沟　距温室最南端10 cm开1条宽20 cm、东西坡降为0.2%的排水沟,作为种植沟流出液的回流渠道。排水沟可做成倒梯形,防止坍塌。

(4)铺隔离膜　隔离膜黑面朝上,白面朝下。先铺排水沟,从排水沟的南端边沿开始铺膜,使隔离膜紧贴地面,用"U"形卡固定在南端10 cm边沿上,与种植沟交汇处用剪刀裁开,使每条种植沟的回收液都能流向排水沟。铺种植沟的隔离膜简单,膜紧贴沟面、两侧等距离地铺好,避免一侧多、一侧少。种植沟内的隔离膜要比种植沟长60 cm,种植沟和排水沟要全部盖严。隔离膜和地面要紧贴无褶皱。

(5)铺导流板和隔离网　根据种植沟的长度计算每条需要的导流板数量,导流板与导流板之间有卡扣连接,增加导流板的抗压能力。铺隔离网的方法和隔离膜一样,两侧均匀即可。

(6)安装滴灌系统　计算主管道、弯头、旁通、堵头、滴灌带的用量。根据棚的长度选择主管道的数目。把管道拉直，蓝线朝上，用"U"形卡固定。安装时滴灌孔朝上，把滴灌带插入接头中。最后封闭滴灌带的末端，用剪刀从末端剪下1.0～1.5 cm软管，将末端对折或者3折，用剪下的软管套住，防止漏水。滴灌带上的孔距≤20 cm。滴灌带比椰糠槽长30 cm。最好将滴灌的主管道安装在棚的南侧，避免在温度过高或过低时安装。

(7)椰糠基质处理　为了方便运输，椰糠都被压缩成块(规格为30 cm×30 cm×20 cm，质量5 kg)，使用前用水浸泡椰糠，使其恢复原来的疏松状态。椰糠可置于喷淋池内浸泡，没有喷淋池可以在温室外挖一个池子，铺上薄膜防止漏水，然后把椰糠砖均匀摆在池内，堆码不超过2层，加水浸泡使其充分膨胀。椰糠有粗、细两种，可以同时浸泡。椰糠浸泡完成后，将粗、细椰糠混合均匀，松散铺平，避免按压。种植槽填充椰糠不宜过早，最好在定植前5～6 d进行。用滴灌系统将缓冲液(硝酸钙和硫酸镁按2∶1的质量比配制，EC值2.0 ms/cm)灌入椰糠，浸泡24 h后用清水冲洗。采用间歇冲洗法，每小时冲洗2次，每次10 min。当进水的EC值与流出液的EC值相差不到0.05 ms/cm时即可种植。最后用A+B溶液专用肥进行养护(EC值为1.5 ms/cm)。

070 日光温室番茄椰糠基质无土栽培怎样进行消毒与定植?

(1)定植前处理　定植前用10%异丙威烟剂和4%百菌清烟剂对棚内进行消毒;管道和滴灌带用1%～3%硝酸消毒;定植前番茄穴盘基质尽量干些,促进根系生长。

(2)定植　待幼苗长至4叶1心时,选择长势一致的壮苗于下午进行定植。定植前30%甲霜·恶霉灵悬浮剂1 200倍液浸根,浸完后放置10 min左右,待见干再定植。定植后7 d每天检查幼苗2～3次,及时剔除病苗、弱苗。

071 日光温室番茄椰糠基质无土栽培定植后如何管理?

(1)前期管理　定植后3 d内要多遮阴,缓苗后,逐步增加光照。缓苗期白天温度30～32 ℃,夜间18 ℃,缓苗后白天温度25～28 ℃,夜间13～18 ℃。

(2)中期管理

①熊蜂授粉　即在番茄开花坐果期释放熊蜂为番茄授粉。优点是番茄果实种腔内籽多,汁多味美、风味独特,还节省人工费用。熊蜂购自荷兰科伯特生物技术系统公司,每箱400元,可在60～70 d内完成约500 m^2温室番茄授粉任务,不需要喂食,温室内有熊蜂工作时,禁止使用杀虫剂。

②绕蔓整枝　单干整枝,当植株高30～35 cm时,用特制塑料夹子同时固定植株和吊绳开始吊蔓,以后随着蔓的伸

长进行“S”形缠绕，前2个节位可绕3～4圈以固定植株，以后每3个节位缠绕2～3圈。侧枝长到6～8 cm时及时去除，侧枝过短去除时太费工，而且很容易碰坏生长点；过长则消耗养分，去除时也容易造成大的伤口，有利于病菌侵染。

③去除老病叶　大果型番茄第1穗果实坐果后开始去除下部老叶，冬季平均15 d去除1次，其他季节7～10 d去除1次，每次去2～3片叶。第1穗果实转色后，其下部的老叶全部去掉。春季随着外界气温的升高，植株偏向于生殖生长，果实转色很快，此阶段至少保持18片功能叶。

④采收　正常情况下，第6～7穗果始花时，第1穗果开始采收。选择晴天上午进行采收，大果番茄每周采收2～3次，小果番茄隔1 d采收1次。具体根据采收标准、外界气候条件和作物长势而定。

⑤落蔓　日光温室高度有限，若进行长季节栽培番茄植株需要不断倾斜落蔓。在番茄第1穗果采收后开始第1次落蔓，每次向下落0.5 m即可，落蔓过多会影响作物生长。以后植株生长点与挂钩高度相同时开始落蔓。但在植株生长后期和外界高温强光照阶段，挂钩高出植株生长点的距离可以达到0.8～1.0 m。

⑥疏果　大果型番茄每穗留3～5个果，中小果型番茄每穗留果10～20个不等。

(3)后期的管理　施肥量调整为正常施肥量的2/3，之后逐渐减至1/2，完全采收结束前7 d停止施肥。原则上不用药或者少用药。完全采收结束后、清理藤蔓前喷1次70%代森锰锌可湿性粉剂600倍液杀菌。

072 日光温室番茄椰糠基质无土栽培怎样进行棚室空闲消毒?

空棚时全棚喷0.1%高锰酸钾和次氯酸钠各1次,两次消毒间隔3～5 d。每次选择下午17时以后喷药,然后闷棚,次日上午10时后通风。滴灌管内壁用浓度为65%～68%的浓硝酸浸泡消毒。

073 日光温室番茄椰糠基质无土栽培如何供应营养液?

(1)灌溉量管理　单次灌溉量根据作物大小、生长阶段而定,每次每株40～50 mL,之后随着植株不断长大,供应量逐渐增加,第1穗番茄成熟时,每次每株达到100～120 mL,之后灌溉量基本稳定。夏季流出液占灌溉液的25%～30%;冬季流出液占灌溉液的20%～25%。

(2)灌溉时间管理　营养液为山崎番茄营养液配方。原则上早晨多浇,中午少浇,下午适量浇,傍晚补水。日出后1～2 h开始第1次灌溉,灌溉后2～3 h开始出现流出液,夏季每25 min滴灌1次,每次3 min;冬季每35 min浇灌1次,每次2 min。最后一次灌溉时间一般在日落前1～3 h。如果灌溉结束后3 h内基质含水量显著降低,要延迟最后一次灌溉时间,反之则要提前。基质含水量降低的理想区间为

2%～4%。

(3)EC值和pH设定　综合光照强度、温度和番茄不同生育阶段的参数变化情况，刚定植时的营养液EC值为1.6～1.8 ms/cm；每14 d左右，EC值上调0.2左右，最后稳定在2.6～2.8 ms/cm；EC值变化范围在1.6～3.0 ms/cm。根据从椰糠中排出的营养液残液pH，调整营养液pH在5.2～6.5。

074　椰糠基质二次利用如何消毒？

清除椰糠中作物的根系。借助滴灌系统将32.5%苯甲嘧菌酯悬浮剂800倍液灌入椰糠中，24 h后用清水冲洗10次。加入10%的粗、细混匀的新椰糠。消毒效果良好，连续使用3年，蔬菜产量无明显降低。3年后更换椰糠重新种植。

八、设施鲜食番茄侧枝作接穗嫁接生产实用技术

075 嫁接的意义是什么？

番茄嫁接苗根系发达，耐肥、耐低温，可防止根结线虫病等土传病害的发生，克服连作障碍，减轻土壤次生盐危害，保障番茄产量，提高品质，减少农药施用量，有利于实现无公害生产。目前韩国、日本番茄嫁接苗栽培面积分别达到番茄总面积的25%和40%，我国番茄嫁接栽培也占有很大面积，且推广面积逐年增加。

076 侧枝嫁接的目的是什么？

在2018年初步试验基础上，2019年辽宁职业学院继续引进专用番茄砧木，采集口感型番茄（真优美）和樱桃番茄（凤珠）生产田侧枝进行嫁接试验，应用生产实践表明：大维番茄砧木SX-Z-2号劈接法嫁接真优美侧枝和大维番茄砧木SX-Z-2号插接法嫁接凤珠（409）侧枝突出表现为高抗根结线

虫病等土传病害，兼抗（耐）番茄斑萎病毒，开花坐果早，更有利于达成产量和品质的统一，从而实现番茄优质稳产，还能降低高端种苗成本，具有较高的经济效益和生态效益。该技术模式适用于休闲农业、生态采摘园。

077 如何进行优良砧木选择？

试验选择青岛忠旭种业有限公司的青园番茄砧木、绿亨科技股份有限公司的番茄砧木、大维番茄砧木 YF-20、大维番茄砧木 SX-Z-2 号等专用番茄砧木，分别采用插接法和劈接法进行嫁接。各嫁接处理定植后均表现高抗根结线虫病。

番茄定植后开花期调查各处理番茄斑萎病毒病发病率在 2.5%～35%。其中大维番茄砧木 SX-Z-2 号劈接法嫁接真优美侧枝为 5%，大维番茄砧木 SX-Z-2 号插接法嫁接凤珠(409)侧枝为 2.5%，在众多处理中表现出抗（耐）番茄斑萎病毒效果比较突出。分析抗（耐）性好的原因有 2 个：①穗砧愈合牢固；②穗砧同时抗（耐）番茄斑萎病毒。

大维番茄砧木 SX-Z-2 号是辽宁营口市老边区种子商行选育的杂交一代番茄专用砧木，千粒质量 2.8 g，无限生长型；植株生长势旺盛，根系发达；亲和性好，嫁接成活率高；抗青枯病、枯萎病、根结线虫病及镰刀菌冠状根腐（不死棵）和 TY 病毒。

078 如何培养接穗?

侧枝作为接穗,应注重以下几个环节:①接穗(侧枝,下同)选择口感型番茄如真优美,或者樱桃番茄如金珠、凤珠(409)等高附加值品种。②加强温室番茄生产田病虫害防治,特别注重番茄病毒病预防,发现感病植株及时拔除并带出温室外销毁。③管理过程中,采取控旺措施,番茄植株长势中等偏弱,但是生长不能停滞。④番茄定植缓苗后到结果中期均可采集接穗,接穗要求发育健康,但生长较细弱,分化清晰可见花序。⑤接穗采摘后装入塑料袋保湿,及时嫁接。

079 嫁接育苗的适宜方法有哪些?

采用劈接法或插接法进行番茄嫁接为宜(图23)。准备0.1%的高锰酸钾溶液,把嫁接工具消毒浸泡10～15 min,防止番茄病毒病传播。嫁接前1 d砧木幼苗浇水。嫁接前操作台、刀片、手用75%的酒精消毒,风干后开始嫁接操作。

(1)劈接法　此法优点是操作简单,容易成活;砧木和接穗的表皮和髓部组织相对应接合,愈合更牢固;接穗较大,发育时间缩短,适合真优美等大果型番茄。

砧木培育50～55 d,长到5～6片真叶时进行嫁接。采摘健康控旺植株上的侧枝作为接穗,接穗茎粗约0.3 cm。具体步骤如下:①砧木切削。在砧木第1或2片真叶位置用刀片横切,去掉苗茎顶端。②砧木劈口。用刀片于砧木苗茎切口中央劈开，纵向下切深1～1.5 cm的切口。③接穗切削。将接穗留3～4片叶，用刀片削成楔形，楔形的斜面长度与砧木切口深相当。④接穗、砧木接合。迅速将接穗插入砧木的切口中，用嫁接夹固定。

图23 插接法和劈接法

(2)插接法 此法优点是不需要嫁接夹子固定，操作简单，嫁接效率高，适合风珠(409)等樱桃番茄。缺点是接穗偏小，发育时间延长。

砧木培育大约50 d，长出4～5片真叶时为嫁接适期。采摘健康控旺植株上的侧枝作为接穗，接穗茎粗约0.2 cm为宜。具体步骤如下：①砧木切削。用刀片于第1片或第2片真叶上方约1 cm处苗茎横切去掉苗茎顶端，将叶腋中的腋芽除去，需要保留1个完整的叶片。②砧木插孔。用左手食指和拇指适度捏紧砧木苗茎，右手持略粗于接穗的楔形(双斜面)竹签(长斜面长0.7 cm，短斜面长0.2 cm)，竹签长斜面朝下，从叶柄的叶腋处开始，按约45°角向下斜插，深度以竹签前端未破表皮为宜。③接穗切削。选用适宜的接穗，保留2～3片刚展开的真叶，下端适当位置横切后采用2刀法削成楔形。当接穗较粗时，亦可采用3刀法削成3面楔形(即在采用2刀法削成楔形基础上侧面增加1刀)，方便接合。④接穗、砧木接合。右手持刀片藏入掌心，并将接穗用拇指和食指轻轻捏住，左手按住砧木苗茎，右手无名指和中指夹住竹签迅速拔出，接穗长斜面朝下，迅速（寸劲）插入接穗。保留的砧木叶片（或叶柄）用以支撑接穗，不再需要嫁接夹子固定。

080　番茄嫁接后的幼苗培养要点有哪些？

嫁接苗覆盖严实黑色地膜遮阳、保温、保湿。嫁接后的7～10 d内，适宜温度白天为25 ℃，夜间为20 ℃，高温不超过28 ℃，低温不低于18 ℃。嫁接后5～7 d内空气湿度要保持在95%以上。4～5 d内不通风，5 d以后选择温暖且空气湿度较高的傍晚或早晨通风，每天通风1～2次，7～8 d后逐渐揭开薄膜，增加通风量与通风时间。约10 d后成活，撤除覆盖物通风、增加光照炼苗。

081　嫁接苗如何预防番茄病毒病？

育苗温室使用前清除所有作物和杂草，每亩可用15%异丙威烟剂400 g熏蒸杀虫处理。

砧木培育、嫁接苗培养、乃至定植以后，严格防治蓟马、粉虱，预防番茄病毒病传播。蓟马发生初期，可用6%乙基多杀菌素乳剂1 500倍液，或0.6%烟碱·苦参碱乳油1 000倍液喷雾防治；粉虱发生初期，可用5%的啶虫脒（A+B虱无影）乳剂1 000倍液喷雾防治。

082 嫁接苗定植要求有哪些?

冬春从播种番茄砧木开始历时约 70 d,嫁接苗成活充分以后,接穗具有 3～4 片充分展开的真叶时即可定植。

辽北地区春茬番茄,日光温室内 10 cm 地温稳定在 12 ℃以上,一般 1 月中旬至 2 月上旬定植(图 24)。

图 24 嫁接苗定植

结合整地,每亩混合施入充分腐熟的农家肥 5 000 kg、硫酸钾型复合肥(N-P-K 为 14-16-15)50 kg。做高畦,高度 20 cm,宽度 80～85 cm,过道宽 85～90 cm 为宜,两行合盖一幅地膜,地膜下方铺设 2 条滴灌带,滴水孔朝上。

在地膜上打孔两行栽苗,孔穴紧挨滴灌带,通过滴灌管带浇水定植,采用高架栽培方式(单干整枝,每株留果 6～8 穗),大果型番茄每亩温室内定植 2 400 株左右为宜。3 d 后通过滴灌管带浇 1 次缓苗水,水渗透后封严定植穴,防止番茄茎基腐病发生。

083 “控旺管理”提升番茄品质有哪些关键措施?

番茄节间短缩、茎秆粗壮称为“旺”,有时理解为徒长,但绝不等于简单的徒长。番茄口感、风味与株型有关联，偏弱株型结出的果实口感、风味好，“偏弱”要求一定程度的“细弱”。口感型番茄植株上下匀称，茎节间长度6 cm左右，长势偏弱，但生长点生长不能停滞；叶片颜色浓绿，叶片厚实、较小，植株清秀。培养偏弱株型，需要对定植缓苗后番茄生长发育环境条件综合控制。

(1)控制湿度　控制湿度是控旺的关键措施。定植后，及时浇水，促使其生长健壮。结果期总体掌握番茄植株晴天中午轻度萎蔫，傍晚恢复正常，生长点细弱，但是生长不能停滞，参照此指标进行适量浇水。坐果后宜均衡供水，防止裂果。适当控水，增加番茄甜度；浇水过量，易造成植株徒长，降低产量和品质；过度缺水，番茄果实表皮会增厚变硬，也会影响口感。

加强通风降低室内空气相对湿度，会促使果实表皮光滑鲜亮、风味变佳，外在内在品质均会提升。

(2)控制温度　控制温度是控旺的重要手段。依据番茄生长发育特性，结果期晴天白天25～30 ℃，夜间10～15 ℃为宜。晴天白天适宜高温有利于光合作用，增加产量；夜间适宜低温，降低呼吸消耗，防止植株徒长，提高品质。

(3)“源、库”平衡　番茄果实是“库”，叶片是“源”，促使源和库平衡，兼顾结果和植株健康生长，才能更好地使产量和品质达到统一，实现高产优质。首先定植后，要加强温度、湿度管理促进缓苗，促使植株生长健壮，即先“扩源”，后“强库”。番茄嫁接苗开花早，第3片真叶上端即发生第1穗花序，今后每隔3片真叶相继发生1穗花序，当植株高60 cm左右，展开10片真叶时，嫁接苗第1、2穗花序相继开放，及时释放熊蜂授粉，或者用30～50 mg/L的“防落素”喷花托处理进行保花保果。坐果后，以果控秧。

(4)平衡施肥　平衡施肥是控旺提升品质的保障。增施优质有机肥料基础上，嫁接番茄植株第1、2穗坐果后，每亩随水冲施高钾型复合肥美国钾宝(N-P-K为10-6-20)5 kg；第3穗番茄坐果后，每亩随水冲施海藻甲壳素(高钙型)水溶性肥20 kg；以后轮换追施高钾型复合肥和海藻甲壳素水溶性肥料，保证平衡供应各种营养，结果期每次施肥间隔10 d左右，忌偏施氮素化肥如尿素等。

结合喷药防控番茄病虫害，叶面喷施长春市宏丰肥料科技有限公司的大量元素水溶肥料绿野神($N+P_2O_5+K_2O \geqslant$ 500 g/L，B：3～30 g/L)200倍液，保持番茄叶片健康生长。

084　番茄侧枝嫁接应用效果如何?

番茄侧枝嫁接育苗应用生产实践证明具有良好的效果：①有效预防番茄根结线虫病发生，兼抗(耐)番茄斑萎病毒，减少农药施用量。②番茄植株侧枝不断发生，植株调整时均被摘除废弃掉，利用番茄侧枝作接穗，节约大部分番茄种子成本。③嫁接后植株开花坐果提前，坐果后，以果控秧，更有利于番茄控旺生产。④嫁接苗定植缓苗后采取控旺措施，果实口感、风味变佳。⑤土传病害发生严重地区，通过嫁接方式更容易实现优质稳产高效。该技术模式适用于休闲农业、生态采摘园。

番茄侧枝嫁接育苗，能够有效降低高端种苗成本，对于育苗公司和种植户经济效益好，应用于番茄工厂化育苗意义会更加深远。

九、设施番茄常见病虫害绿色防控

085　设施番茄可采用哪些病虫害绿色防控措施?

设施番茄生产中重点防治病毒病、灰霉病、根结线虫病、晚疫病、白粉病、叶霉病、灰叶斑病、茎基腐病等侵染性病害，棉铃虫、粉虱、美洲斑潜蝇等虫害，畸形果、僵果、裂果、空洞果、脐腐病等生理性病害。贯彻"预防为主，综合防治"的病虫害防治方针，采用农业防治、物理防治、生物防治等绿色防控方法，限时限量使用高效、低毒、低残留、对熊蜂和人安全的化学杀虫剂，生产绿色无公害农产品。

(1)农业防控措施

①选择高端番茄品种及种子消毒　口感型番茄生产上多采用真优美、粉太郎、京采6号等粉色大果品种。这些品种皮薄、沙瓤、味浓，适于鲜食，符合各地消费习惯，更有利于达到预期生产目标。其中真优美番茄不抗根结线虫病，易感晚疫病和黄化褪绿病毒病。北京现代农夫种苗科技有限公

司培育的新品种京采6号，属无限生长型，早熟，单果质量130～200 g左右，正圆形，未熟果有明显的条状绿肩，成熟果粉红色，口感细腻，酸甜可口，番茄味特浓，糖度可达7度，适合作为水果鲜食。该品种长势稳健，综合抗性强，高抗番茄黄化曲叶病毒病，对根结线虫病及叶霉病抗性较强。

播种前一定要进行种子消毒处理。常用温汤浸种法，即用55～60 ℃温水不断搅拌浸泡15 min。或者药剂浸种法，将浸泡后的种子在0.1%的高锰酸钾溶液中浸泡10～15 min。经过药剂浸种的种子需用清水洗净催芽后播种，也可清洗、晾干后直播。

②培育壮苗　一是幼苗保护防病毒，例如番茄黄化褪绿病毒病幼苗感病初期（潜育期）不表现发病症状，一旦发病，通过昆虫传播、接触传播，发展迅速，损失严重。二是定植前锻炼，现阶段工厂化育苗方式普遍采用，因其密度大、成苗快的特点，幼苗根茎部较嫩，定植时容易受伤。如果伤口没有愈合前马上用土封严实定植穴，会造成高湿条件下病菌侵入发生番茄茎基腐病。因此，壮苗标准首先应该是不带病毒，经过逆境锻炼的健康幼苗。

③建立农事操作消毒制度　借鉴荷兰连栋温室内农事操作消毒制度，番茄植株调整过程中，每操作1行，胶皮手套放入0.1%的高锰酸钾溶液中浸泡10～15 min消毒后再用。发现感病的植株单独处理，拔除带出设施后深埋，之后胶皮手套及时消毒处理。嫁接操作、幼苗管理、幼苗定植过程中，

也要对手、刀片、手套等进行规范消毒。

④合理轮作、清洁田园　尽管番茄属于较耐连作的蔬菜之一，但是合理轮作对防止土壤连作障碍、控制土传病害有利。保持田园清洁，及时拔出杂草、清除作物病残体，保持干净清洁的环境条件，对防控设施番茄病虫害非常关键。

⑤重施有机肥、做高大定植畦　基肥主要选择充分腐熟的农家肥，如鸡粪、牛粪、猪粪、秸秆等，也可两种以上混合施用，建议每亩施用 5 000 kg。农家肥充足，番茄生长健壮，抗病能力增强。反之农家肥缺乏，番茄生长弱，白粉病等病害加重发生(也体现在其他作物上，如 2017 年辽宁职业学院扶郎花(非洲菊)温室生产中因未施农家肥，爆发白粉病)。

做高大定植畦，畦的高度最好在 20 cm 左右，畦面宽 70～80 cm，好处是加强室内空气流动，还能方便控制田间积水。畦面上定植 2 行，合盖一幅黑色地膜，过道宽 80 cm 左右，有利于通风透光，同时又方便游客采摘。

⑥高架栽培、合理密植、及时植株调整　采用高架栽培方式，单干整枝，株高 2 m 以上，每株留果 6～8 穗。及时打杈、引蔓，调整植株受光状态，使番茄群体植株在设施空间内分布更合理。每亩定植 2 000 株左右为宜，过密不利于通风透光，加重病虫害(如番茄叶霉病、晚疫病、灰霉病、白粉病、粉虱等)滋生。

⑦科学灌水追肥、加强通风　采用膜下滴灌技术，便于水肥一体化。定植后到坐果前适当控制浇水，抑制营养生

长，促进生殖生长。结果期要经常保持土壤湿润，一般1周左右灌1次水，切忌忽干忽湿，造成裂果。番茄植株第1穗坐果后，每亩可随水冲施美国阿尔法农化（青岛）有限公司生产的美国钾宝5 kg，第2穗番茄坐果后，每亩可随水冲施潍坊农帮富肥业有限公司生产的海藻甲壳素20 kg，或者硫酸钾型复合肥（N-P-K为14-16-15）10～15 kg，轮换追施，每次施肥间隔10 d左右，整个生育期追肥5～6次。

定植后每10 d左右叶面喷施1次0.2%的磷酸二氢钾，结果期喷施0.1%腐殖酸钙3～4次，进行叶面补充施肥。发现病毒病中心病株即连根铲除，其余植株叶面喷施长春市宏丰肥料科技有限公司的大元素水溶肥料绿野神（$N+P_2O_5+K_2O\geqslant 500$ g/L，B：3～30 g/L）200倍液，保持番茄健康生长状态。

加强通风，保证设施内空气相对湿度50%左右，干燥通风环境对防控设施番茄病虫害也非常关键。

⑧三段变温管理　依据番茄生长发育特性，低温季节参照三段变温管理模式。即晴天8—17时温度控制在25～30 ℃；17—22时温度控制在13～16 ℃；22时至次日8时温度控制在10～13 ℃。番茄的光合产物75%白天已经运输出去，25%前半夜运输。后半夜为了抑制呼吸消耗，需要降低温度，如果温度过高，植株表现徒长，果实膨大慢，晚熟减产。

综上农业防控措施，选择应用休闲期棚室消毒、嫁接换根、选用多功能聚乙烯复合无滴膜、避雨栽培等关键技术，设施番茄生产上实际发生的病虫害种类已经很有限了。生产的各个环节严格防控，生产过程中实时监控，在病虫害发生初期及时防治。

(2)物理灭虫　利用害虫的趋避性，设施内设置高压杀虫灯，夜晚开灯诱杀棉铃虫、美洲斑潜蝇成虫等减少虫量。授粉期慎用，防止误杀熊蜂。将黄色粘虫板挂于植株之上，每亩温室悬挂 50 cm×50 cm 黄板 20～25 张，黏住粉虱、美洲斑潜蝇成虫等，控制害虫数量。

(3)人工摘除菌虫　在病虫害发生初期，及时采用切实有效的人工手段。夏秋季节的傍晚或清晨，观察叶片、花序、果实和茎秆新鲜的虫豁、虫粪，发现棉铃虫幼虫即人工捕杀。定期查找并摘除灰霉病、晚疫病等病果、病叶，小心用塑料袋包好并带出棚外深埋。

(4)生物药剂治虫　主要利用昆虫病原微生物和农用抗生素防治番茄虫害。用 20 亿多角体/mL 棉铃虫核型多角体病毒悬浮液，每亩使用 50～60 mL，稀释 1 000 倍液后喷雾防治番茄棉铃虫。苗期用 6%乙基多杀菌素乳剂 1 500 倍液喷雾防治蓟马。定植后(授粉前)用 72%农用链霉素 2 000 倍液和 1.8%的阿维菌素 500 倍液浇根处理缓解根结线虫病。用 1.8%的阿维菌素 3 000 倍液喷雾防治美洲斑潜蝇。注意阿维菌素对熊蜂安全期为 7 d，授粉期慎用。

(5)限时限量使用化学药剂　病虫害发生初期选择高效低毒、低残留，对人无害的化学药剂进行防治。用 5%啶虫脒

（虱无影 A + B）乳剂 1 000 倍液喷雾杀灭粉虱。每亩使用 20～40 mL 的 52.5%杜邦抑快净水分散粒剂喷雾防治番茄晚疫病。用 25%腈菌唑乳油 2 000 倍液防治（发病初期）白粉病。用 40%嘧霉胺悬浮剂 1 000 倍液防治（发病初期）番茄灰霉病。注意啶虫脒对熊蜂安全期为 7 d，授粉期慎用。

086 近几年在辽北发生的新型病毒病——番茄斑萎病毒病（TSWV）如何识别与防治？

病毒病是危害番茄的重要病害之一，种类繁多。2017 年开始，辽宁职业学院日光温室番茄生产和育苗中发现了一种新型病毒病——番茄斑萎病毒病（TSWV），造成很大损失，应高度重视。现将该病症状观察、发生规律及防治心得进行总结。

（1）发病症状　定植后苗期发病植株表现矮小，滞育，整体褪绿，叶片不舒展，正反两面对应位置同时出现不规则黑褐色坏死斑，叶片质地变脆，部分叶片向上卷曲，见光叶脉及叶片背面变紫色（图 25）。

图 25　苗期 TSWV 症状

结果期植株表现系统发病，植株心叶黄化滞育，叶片由顶向下黄化，或紫铜色萎蔫，茎秆黄化、或紫铜色萎蔫，花序褪绿，花蕾干瘪，果实僵化。侧枝（杈）数量少、滞育。樱桃番茄品种凤珠发病植株未发生根系坏死现象。

发病较轻的大果型番茄（真优美），成熟果实局部不着色，状似“白癜风”。

（2）发病规律　辽宁职业学院 2018 年日光温室种植的番茄各品种田间发病率差距很大，从 10%～100%都有，凤珠、千禧、金珠、碧娇、真优美等品种发病率不超 10%，属于较耐病品种。

分析发病主要原因有 2 个：①苗期蓟马传播；②定植后蓟马传播。侵染源为育苗温室和栽培温室内带病毒番茄、辣椒植株。

TSWV 具有潜伏侵染现象，幼苗定植后干旱发病加快。

相关报道番茄斑萎病毒病（TSWV）可以通过机械传播，但不能通过种子传播。蓟马为 TSWV 主要的传播载体。TSWV 病害流行主要有 3 方面因素：①感病作物重茬；②杂草寄主的流行；③蓟马泛滥。

（3）防治措施

①选择抗（耐）病品种　如樱桃番茄凤珠（409）、千禧等种植。

②培育无病毒壮苗　清洁育苗场所及栽培温室，使用前清除所有发病的茄果类蔬菜及杂草，每亩可用 15%异丙威烟剂 400 g 熏蒸杀虫处理。商品苗调运需要严格植物检疫，控制病毒蔓延。

③加强定植后管理　幼苗定植后，及时浇水，促进缓苗

后番茄健壮生长，增加抗病能力。防止干旱环境，加速加重病情。

④及时防治蓟马　蓟马发生初期，可用6%乙基多杀菌素乳剂1 500倍液喷雾防治，注意均匀喷洒全株及各个角落。发生严重时，每隔6～7 d喷1次，连续喷2次。

⑤拔出病株　发现发病植株及时拔出，带出温室外深埋处理。

⑥严格农事操作消毒制度　准备0.1%的高锰酸钾溶液，用于胶皮手套、嫁接工具等消毒，浸泡10～15 min，防止番茄病毒病传播。

⑦喷施叶面肥料　生长季叶面喷施长春市宏丰肥料科技有限公司的大元素水溶肥料绿野神($N+P_2O_5+K_2O \geqslant$ 500 g/L，B:3～30 g/L)200倍液，保持番茄健康生长状态。

⑧防治粉虱　温室内大量粉虱发生会加重病情，防治粉虱可用5%啶虫脒(虱无影A+B)乳剂1 000倍液喷雾处理，效果较好。

087　番茄灰霉病有时造成大量烂果，损失严重，有哪些防治办法?

(1)典型症状　灰霉病是设施番茄的重要病害。该病主要为害花、果实、叶片和茎秆。病菌多从花托开始侵入，导致花朵枯萎。幼果花托或者脐部薄弱部位染病后，渐向果实发展，果实病部呈水渍状灰白色软腐，后期产生灰色霉层(图

26)。叶片受害，病斑多从叶尖、叶缘开始，向叶内呈“V”形扩展，初为水渍状、黄褐色，快速发展成不规则形，有颜色深浅相间的轮纹，后叶片干枯产生灰色霉状物。茎秆染病，开始呈水浸状小点，后扩展为长椭圆形或长条形斑，湿度大时病斑长出灰褐色霉层，严重时引起病部以上茎叶枯死。

图 26　灰霉病果实

(2)防治措施

①棚室消毒　定植前，每亩棚室用腐霉利烟雾剂 0.5 kg，密闭熏蒸一夜。

②加强生产管理　定植后要注意控制灌水，采用膜下滴灌方式浇水，并在晴天上午进行，之后加强通风排湿。打底叶时，在晴天进行，有利于伤口愈合，要点是必须在叶柄基部掰掉，不要残留叶柄，以减少病害侵入机会。

③人工摘除病残器官　及时摘除萎蔫的花冠、病叶和病果，减少初侵染来源。摘除病残体时，轻轻用塑料袋包裹，并带出棚外销毁。

④套袋　选择合适的纸袋，在坐果后，对整穗果进行套袋处理，既能防病，又能改善果实色泽，并且减少农药残留。

⑤药剂防治　结合防落素喷花处理时，药液加入 50%腐霉利(速克灵)可湿性粉剂 1 000 倍液预防果实染病。发现茎

蔓上病斑，可用刀片刮除，并用0.1%腐霉利（速克灵）可湿性粉剂涂抹伤口。发病初期可采用40%嘧霉胺（灰喜利）悬浮剂1 000倍液，或50%敌菌灵可湿性粉剂500倍液喷雾防治，或用10%腐霉利烟剂400 g/亩熏烟。注意轮换用药，防止病菌产生抗药性。

088　温室番茄根结线虫病如何预防？

（1）典型症状　根结线虫病，近些年在北方地区日光温室内危害日趋普遍，严重威胁温室蔬菜生产。染病植株在根系上产生初期浅白色串珠状根结，后期或形成黄褐色大小不等肥肿畸形状根结。发病严重植株根结腐烂，叶片黄化，逐渐枯黄，最后枯死。发病较轻植株根表皮粗糙木栓化，对植株长势影响不大。

（2）侵染循环　病原为南方根结线虫。北方地区主要以雌成虫在根结内排出的卵囊团随病残体在温室内越冬。温度回升，越冬卵孵化成幼虫，遇寄主便从幼根侵入，刺激寄主细胞分裂增生形成巨细胞，过度分裂形成瘤状根结，可通过病土、病苗、浇水和农具等传播。

（3）发病规律　土温20～30 ℃、土壤湿度40%～70%条件下线虫大量繁殖。一般地势高燥、重茬、土质疏松、缺水缺肥温室内发病严重。北方露地极少发生。

（4）防治方法

①选择抗病品种　实践证明樱桃番茄如金珠、碧娇、千

禧、风珠和口感型番茄如京采6号抗病性均较强。

②培育壮苗　利用旧的温室育苗时，注意营养钵用50%多菌灵可湿性粉剂500倍液浸泡消毒，育苗床表面采用塑料棚膜铺盖阻隔线虫传播。

③轮作　与葱蒜类蔬菜、茼蒿等轮作，能够减轻病害。

④嫁接　王绍辉等的试验表明：北农茄砧与粘毛茄砧可以通过嫁接有效地降低根结线虫的侵染率，很好地起到抗根结线虫的作用，并且番茄品质优良。

⑤加强生产管理　充分灌水，抑制根结线虫；持续施用甲壳素肥料，降低根部病害的发生率，防治根结线虫。

⑥药剂防治　定植前整地每亩施用5%辛硫磷颗粒剂2 kg对土壤进行消毒。定植后，用1.8%阿维菌素乳油500倍液灌根，隔30 d左右再灌根1次。

089　番茄晚疫病怎么防治?

(1)典型症状　番茄晚疫病是番茄的重要病害之一，发生普遍，该病除为害番茄外，还可为害马铃薯。

番茄整个生育期均可染病，苗期发病即可造成幼苗猝倒。成株期发病，主要为害叶片、叶柄、果实和茎蔓。叶片染病，一般植株中部壮龄叶片严重，病斑大多先从叶尖或叶缘开始，初为水浸状褪绿色，逐渐发展扩大呈褐色，潮湿时病健交界处长出稀疏的白色霉状物。茎部染病，初为长条形水渍状病斑，逐渐变黑褐色、凹陷并腐烂。多为青果染病，病斑呈水渍状不规则的云纹斑，后变为深褐色。病部表面坚硬，潮湿时病部边缘长出稀疏的白色霉层（图 27）。

图 27　晚疫病

（2）侵染循环　病原为鞭毛菌亚门真菌，疫霉属的致病疫霉菌。病菌主要在马铃薯块茎和温室番茄上越冬，也可在病残体上或在土壤中越冬，成为次年番茄的初侵染源。病菌通过气流和雨水传播。此病的发生，一般先在田间出现中心病株，然后由中心病株向四周扩散蔓延。

（3）发病规律　病菌生长适宜温度 20 ℃左右，高湿是该病发生、流行的主要条件。最适湿度在 95%以上，只有植株表面有水滴、水膜时，病菌才能萌发侵染。露地生产连续阴雨天气，温度忽高忽低时，发病较重；秋晚番茄设施生产，如遇连续阴雨天，棚膜漏雨，植株郁闭，通风不良，棚内湿度大可导致晚疫病的流行。

（4）防治方法

①选用抗病品种　秋番茄设施生产选用百利、奥妮、凯乐、天赐一号等抗病品种。

②轮作　与茄科蔬菜实行 3 年以上轮作，避免与马铃薯相邻种植。

③加强生产管理　清除病叶、病果。施足有机底肥，膜

下灌水，及时整枝打杈。设施晴天加强通风，防止棚膜漏雨，以减少植株结露，控制病害发生蔓延。

④药剂防治　当田间发现中心病株时，要及时喷药防治。常用药剂有72.2%普力克水剂800倍液，或64%杀毒矾可湿性粉剂500倍液，或72%霜脲·锰锌可湿性粉剂600倍液，或25%甲霜灵可湿性粉剂800倍液，或80%代森锰锌可湿性粉剂800倍液，或每亩使用10～20 mL的增威赢绿（10%氟噻唑吡乙酮可分散油悬乳剂），或每亩使用20～40 mL的52.5%杜邦抑快净水分散粒剂喷雾等防治，每隔7～10 d喷药1次。

090　番茄叶霉病如何防治?

（1）典型症状　为害叶片，发病初期叶正面呈淡黄色，边缘有不明显褪绿病斑，随后叶片背面病斑上产生初为黄褐色后为黑褐色绒状霉层。病株多从中下部叶子开始发病，逐渐向上蔓延，严重时叶片上病斑连成片，干枯卷曲，引起全株枯死（图28）。

图28　叶霉病

（2）侵染循环　病原为半知菌亚门真菌的黄枝孢菌。

病菌以菌丝体随病残体在土壤中越冬，分生孢子可以附着在种子表面或菌丝体潜伏于种子内部越冬。分生孢子借气流传播，从气孔侵入。

(3)发病规律　温暖高湿、通气不良、光照不足等条件下容易发病。温度 20～25 ℃，相对湿度 90%以上时，病害易流行。

(4)防治措施

①选择抗病品种　如东圣 1 号、粉太郎、真优美、丰美 101、普罗旺斯等。

②种子消毒　用温汤浸种法。播种前用 55～60 ℃的热水搅拌浸种 15 min，能够杀死种子表面病菌。

③棚室消毒　每亩温室设置 5～8 个“电热自动温控硫黄熏蒸器”，并密闭熏蒸 15 h。通过温控装置将加热温度控制在硫黄升华和燃烧温度之间，使用“升华硫”进行灭菌的一种新型技术，具有成本低、效率高、范围广、易操作等一系列优点。硫黄熏蒸技术作为一项绿色防控技术用于设施蔬菜白粉病的防治，省工省时，提高防效。应用时需要在熏蒸器上方设置阻隔板，防止“升华硫”对棚膜的严重破坏。

④加强生产管理　施足腐熟有机肥，促使植株生长健壮，抗病性增强；适当稀植，及时进行植株调整，有利于田间通风透光；及时摘除病残叶，减少病原；加强通风排湿，控制病害的发展。

⑤药剂防治　可在发病初期每亩用 45%百菌清烟剂 250～300 g 熏蒸，或 7%的叶霉净粉尘剂 1 kg 喷粉，或用 50%多硫胶悬剂 700～800 倍液喷雾，或 70%甲基硫菌灵可

湿性粉剂 800 倍液喷雾，或 50%多·硫悬乳剂 700 倍液喷雾，或 2%春雷霉素 200～500 倍液喷雾防治。

091 番茄白粉病如何有效防治?

（1）典型症状　俗称“挂白灰”，是为害茄科蔬菜重要病害之一。主要为害叶片、叶柄和茎秆。发病初期叶片正面产生白色近圆形小粉斑，后期病斑逐渐扩大、增多，连成一片，直至整个叶片布满白粉。风吹不掉，用手磨蹭可露出褪绿叶片，质脆，后期干枯，影响光合作用，严重时提早拉秧（图 29）。

（2）发病规律　白粉病由子囊菌亚门、单囊壳属真菌侵染所致。病菌以子囊壳随病残体在土壤中越冬，以分生孢子形式借气流传播。病害流行最适温度为 16～24 ℃，高温干旱与高温高湿条件交替出现时会导致病害大流行。此外，施肥不足，植株长势细弱，种植过密，通风透光不良等均利于白粉病发生。

图 29　白粉病

（3）防治措施

①棚室消毒　同番茄叶霉病。

②增施基肥　结合整地每亩施充分腐熟的优质农家肥 5 000 kg、硫酸钾型复合肥（N-P-K 为 14-16-15）40 kg，提高植物抗病能力。

③加强田间管理　合理密植，及时进行植株调整，加强通风。

④药剂防治　定植后定期使用“电热自动温控硫磺熏蒸器”，每次密闭熏蒸 5 h，配合 25% 粉锈宁（三唑酮）可湿性粉剂 1 500 倍液喷雾预防。白粉病容易复发，初期摘除基部病残叶片，露出基部茎秆，用 25% 腈菌唑乳油 2 000 倍液，或 25% 吡唑醚菌脂乳油 2 000 倍液 + 5% 乙唑醇悬乳剂 1 500 倍液 + 增效剂（有机硅 + 高渗剂）细致喷雾，每隔 6～7 d 喷施 1 次，连续喷 2～3 次，使药液均匀覆盖叶片正反两面及茎秆的病斑表面。依据“预防为主，综合防治”的方针，加强田间管理，实时监控，做好“未病先防、既病早治、瘥后防复”。

092　番茄匍柄霉叶斑病如何正确诊断与防治？

匍柄霉属真菌可以引起多种蔬菜病害，包括番茄、莴苣、辣椒、甘蓝等。

（1）病害症状　番茄叶片受害后，症状主要分为以下两种：

①小型斑　小型斑为最常见症状，病斑初为褐色小点，以后逐渐扩大，但是病斑保持在 0.5～5.0 mm，初为圆形或近圆形，后期受叶脉限制呈多角形，有的病斑连成片呈不规则形，病斑中央灰白色至黄褐色，边缘深褐色，具有黄色晕圈，有的病斑上具有同心轮纹，叶片背面病斑颜色较叶片正面浅（图 30）。

②大型斑　这种症状相对较少，病斑较大，圆形或近圆形，病斑直径可达5～10 mm。病斑中央褐色，边缘深褐色，叶背病斑颜色较深，为黑褐色，病斑周围具有黄色晕圈。有时在叶缘也形成大型病斑，病斑沿着叶缘发展呈不规则形。以上两种病斑到发病后期时均易穿孔破裂，严重发生时病斑布满整个叶片，使叶片干枯脱落，甚至整个枝条变黄干枯。该病严重时蔓延至叶柄、茎蔓，甚至萼片、果实，造成减产。

图30　小斑型

(2)番茄匍柄霉叶斑病的发生规律

①病菌来源及传播途径　番茄匍柄霉叶斑病菌可在保护地土壤中的病残体及种子上越冬，成为该病的初侵染源。当温度、湿度适宜时，当年发病叶上产生的分生孢子通过风、雨、喷水及其他农事操作传播，进行再侵染，使病害在田间不断蔓延。在适宜条件下，该病传播极快，从发病到全株叶片感染只需2～3 d。

②侵染途径　番茄匍柄霉叶斑病一般从植株的老叶开始侵染，故植株中下部的老叶发病较重。因此，及时摘除老弱病叶也是控制该病的有效途径之一。

③发病条件　番茄匍柄霉叶斑病主要是在气候暖湿地区的春、夏季节发生，主要发生在春番茄上，发病初期为4月

末5月初，发生及流行受温度及相对湿度影响，雨天、多雾的早晨以及温度忽高忽低变化均有利于该病的发生及蔓延。温度在10～25 ℃范围内，相对湿度越大病害发生越严重。

(3)综合防治

①清除病残体　种植期内及时清除田间老弱病叶，在拉秧后及时将田间病残清理并焚烧，减少初始菌源。

②合理轮作　在发病较重的田块利用非寄主植物如十字花科、瓜类蔬菜轮作3年以上。

③控制温、湿度　在病害发生初期严格控制棚室内的温度、湿度，温度控制在20 ℃以下，相对湿度在60%以下，适时放风除湿，并且应防止早晨棚室内发生滴水现象。

④隔离栽培　在发病较重的田块周围，种植非寄主植物或设置隔离带进行隔离，防止无病田块染病。

⑤化学药剂防治　该病流行较快，因此在初期发现病斑后及时用药非常关键。可以选用10%苯醚甲环唑水分散粒剂900～1 500倍液、12.5%腈菌唑乳油2 500倍液、70%甲基硫菌灵可湿性粉剂600倍液，以及甲氧基丙烯酸酯类杀菌剂如50%醚菌酯水分散粒剂4 000倍液等。药剂的使用间隔期要依据病害的严重程度以及天气情况而定，如果阴雨连绵，则可以缩短用药间隔期，因为高湿的天气有利于该病的传播及蔓延。

093 番茄青枯病如何防治?

(1)典型症状　又名细菌性枯萎病,病茎维管束变褐色,病茎横切,用手挤压,切面上维管束溢出白色菌液。一般在开花坐果期发生,病情发展迅速,往往造成成片植株死亡(图31)。北方日光温室番茄近些年多有发生,常与根结线虫病混合发生,造成减产甚至绝收。

(2)侵染循环　病原为细菌,假单胞杆菌属的青枯假单胞菌,主要随病残体在土壤中越冬,从番茄的根部或茎基部伤口侵入。田间通过雨水和灌溉水传播。此外,农具、昆虫也能传播。

图 31　番茄青枯病

(3)发病规律　高温、高湿的环境适于青枯病发生,所以我国南方发病重。地势低洼、排水不良、连作、土壤微酸性等条件都有利于发病。另外,线虫为害根系会造成发病严重。

(4)防治方法

①选择抗病品种　樱桃番茄抗病性较强,如春桃等。

②嫁接育苗　选择抗病性强的番茄或茄子砧木。

③轮作　与百合科、葫芦科蔬菜进行3年以上的轮作。

④调节土壤pH　整地时撒施适量的生石灰,将pH调至

微碱性，可抑制病菌生长，减轻病害。

⑤防治线虫　防治线虫，减少线虫造成的伤口。

⑥药剂防治　田间发现病株，应立即拔除烧毁，并在病穴内灌注2%福尔马林液或20%石灰水进行消毒。在定植后或发病初期，选择86.2%的氧化亚铜（铜大师）可湿性粉剂1 200倍液，或47%春·王铜（加瑞农）可湿性粉剂700倍液，或40%的细菌快克可湿性粉剂600倍液等药剂灌根，并全株喷淋，每7～10 d喷1次，连续3～4次，防治效果良好。

094　为什么说番茄溃疡病是一种毁灭性病害？

（1）番茄溃疡病危害症状　番茄溃疡病是一种细菌性病害，对于细菌来讲它需要直接吸收营养物质，所以哪里有营养物质流出，哪里就对细菌侵入比较有利，所以我们发现有害细菌的侵入点，往往是一些伤口，比如打杈时留下的伤口，摘叶时留下的伤口，高温烫伤的叶片伤口等。

对于设施番茄来讲，溃疡病大发生的季节往往在番茄生长最舒适的温度范围，作物长得好，分泌的营养物质也多，对细菌寄生和汲取养分也最有利。

溃疡病的危害方式，从伤口进入后，细菌随着维管束运输的营养物质蔓延，但伤口往往在中部的打杈部位，影响了营养物质的上传下达。所以，一开始往往是从中上部叶片萎蔫，而后叶片发干，下部营养不能上传，这时候植物利用强大补偿机制在伤口部萌发气生根，渴望获得营养，但却无济于事，最后整株枯死，只能拔秧（图 32）。剥开植株的茎部，我们会发现髓部中空，沿着这些地方寻找一定能找到侵染的伤口。

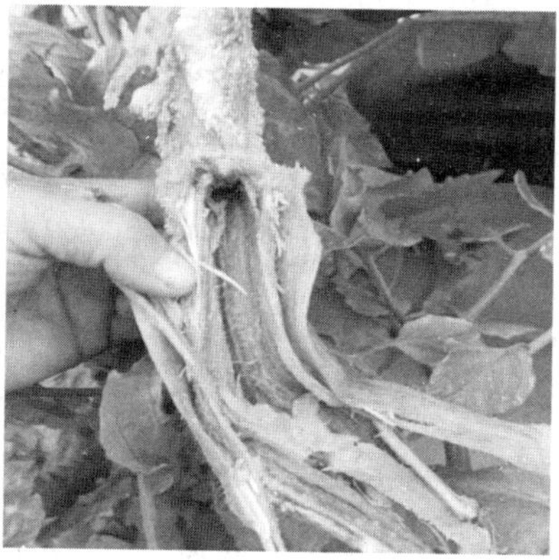
图 32　溃疡病茎秆

（2）预防措施

①温汤浸种　播种前，用 55～60 ℃温水搅拌浸种 15～20 min。

②晴天进行农事操作　阴雨天气，上午露水未干或者刚浇地后，湿气比较大的时候，不要进行吊蔓、打杈、修剪叶片等农事操作。

③易感病地块随水冲施硫酸铜预防　因为硫酸铜冲施在根部吸收后到达各个器官，当有伤口的时候，由于铜离子的存在，会杀死即将侵入的细菌。但是冲施的时间要把握好，即定植以后，在打杈、吊绳之前，一般定植后 10 d 内左右冲施第 1 次，7 d 后再冲施第 2 次，预防效果较好。发病初期用 14%络氨铜水剂 300 倍液全田喷洒，并用 77%可杀得可湿性粉剂 300 倍液灌根，7 d 防治 1 次，连续 2～3 次。

095　温室白粉虱和烟粉虱如何区别？怎样有效防治？

（1）形态特征　①白粉虱又名小白蛾子，属同翅目粉虱科。成虫体长 1～1. 4 mm，体淡黄色，翅面覆盖白色蜡粉，外观呈白色。卵长度 0.2 mm，长椭圆形，有卵柄，初产时淡黄色，孵化前逐渐变为黑色。②烟粉虱，属同翅目粉虱科。成虫体长 1 mm，白色，翅透明具白色细小粉状物。烟粉虱静止时翅合拢呈屋脊状，温室白粉虱合拢较平坦(图 33)。

(2)田间为害状　白粉虱与B型烟粉虱常常混合发生，混合为害。成虫、若虫群集在叶片背面、嫩茎上吸食汁液，进而诱发蔬菜褪绿病毒病发生，被害叶片褪绿变黄、萎蔫。若虫的分泌物还经常诱发植物(果实、叶片)煤污病。

(3)发生规律　寄主范围广，包括蔬菜、果树、花卉作物等，蔬菜中受害最严重的有黄瓜、番茄、茄子等。

图 33　上图白粉虱
下图烟粉虱

白粉虱在温室内每年发生 10 代以上，以各种虫态在温室、大棚内越冬，第二年春季迁移向露地蔬菜为害。白粉虱繁殖适温为 18～21 ℃，卵多散产于嫩叶背面，若虫的抗寒能力较弱，成虫活动最适温度为 25～30 ℃。烟粉虱耐高温能力强于白粉虱，气温达 21～33 ℃时，随着气温升高，产卵量增加。

(4)防治措施

①清洁田园　收获后彻底清洁田园，将杂草和病残体烧

毁或深埋。

②黄板诱杀　利用害虫的趋避性，将黄色粘虫板挂于植株之上，每亩温室悬挂 50 cm×50 cm 黄板 20～25 张，能够控制白粉虱数量。

③生物防治　当白粉虱成虫每株达到 0.5 头时，释放丽蚜小蜂，15 d 之后再释放 1 次，连放 3 次，当成蜂达到每株 15 头时，可有效控制为害。

④药剂防治　每亩喷洒 35 g 生化药剂 25%噻嗪·异丙威(虱电)2 000 倍液，抑制成虫蜕皮，控制害虫数量，或每亩温室用 22%敌敌畏烟剂 200 g，密闭熏 12 h 可杀死大批成虫，或用 5%啶虫脒(虱无影 A＋B)乳剂 1 000 倍液喷雾防治。一般幼虫在早晨露水干后至上午 11 时在叶片背面的嫩茎上活动最为旺盛，此时是药剂防治的最佳时机。

096　对秋番茄造成严重损失的棉铃虫如何防治?

图 34　棉铃虫幼虫

(1)危害症状　幼虫以蛀食花蕾、花、果、茎为主，也可咬食嫩叶。花蕾受害后，苞叶张开变成黄绿色，2～3 d 后脱落。老熟幼虫，蛀食果实，排泄大量粪便。果实被蛀引起腐烂而大量落果，造成严重减产。茎秆被蛀，严重时可造成植株折断，上部叶片萎蔫(图 34)，对设施秋番茄危害严重。

（2）防治措施

① 人工捕捉　每天早晚幼虫取食蔬菜叶片、果实，排泄大量新鲜虫粪，容易发现捕捉。

② 利用黑光灯诱杀成虫　晚间悬挂黑光灯可以诱杀成虫。

③药剂防治　在发生初期，可用 20 亿多角体/mL 棉铃虫核型多角体病毒悬浮液，每亩使用 50～60 mL，稀释 1 000 倍液后喷雾防治。

097　温室番茄叶片美洲斑潜蝇为害如何识别及防治？

（1）形态特征　美洲斑潜蝇属双翅目，潜蝇科。成虫体长 1.3～2.3 mm，浅灰黑色，头黄色，复眼红色。幼虫蛆状，潜伏叶肉内。

图 35　美洲斑潜蝇为害状

（2）田间为害状　成虫（雌虫）刺伤叶片并取食，在叶片上形成不规则的白色斑点。幼虫蛀食叶肉，造成不规则弯曲白色虫道，黑色虫粪交替排列在蛀道两侧，蛀道随幼虫生长而逐渐加宽，受害严重时叶片干枯脱落（图 35）。

（3）防治措施

①农业防治　清洁田园，收获后彻底清除病残体，深埋

或烧毁;深翻土壤;与非寄主蔬菜如葱蒜类套种或轮作;合理安排种植密度,增强田间通透性。

②诱杀成虫　可使用黄板诱杀成虫。

③药剂防治　防治成虫一般在早晨露水未干前,防治幼虫也要在上午施药。可选用1.8%爱福丁乳油3 000倍液,或50%蝇蛆净乳油2 000倍液,或25%杀虫双水剂500倍液等喷雾防治。

十、番茄生理病害诊断与防治

098　番茄为何会落花落果?

（1）落花落果原因　主要是环境条件不适引起的生理病害。番茄开花期适宜的气温是白天20～30℃，夜间14～16℃。此时遇到长时间高于35℃以上或者低于15℃以下的气温时，会影响授粉受精而导致落花。此外，设施内空气相对湿度高于85%时，造成花粉不能散开，影响授粉而落花。浇水不当、阴天多雨、光照不足、植株营养不良等也能引起落花。秋冬设施番茄结果期温度偏低，夜间气温达5℃左右时，番茄果实很容易在果柄离层位置脱落（图36）。

图36　番茄落花

（2）保花保果措施

①加强田间管理　保证设施内温度、湿度、光照等环境条件适合番茄生长发育。增施磷钾肥，及时进行植株调整，调整

植株营养生长和生殖生长平衡。

②药剂保花　在番茄花朵正在开放时，用浓度为 30～50 mg/L 的防落素药液对花托部分喷雾处理。优点是果实膨大快，但会导致果实种腔内籽少，甚至没有籽。

③熊蜂授粉　在番茄开花坐果期释放熊蜂为番茄授粉。优点是番茄果实种腔内籽多，汁多味美、风味独特，还节省人工费用。此外熊蜂适应性强，熊蜂适宜温度为 8～35 ℃。

099　番茄为何会裂果?

(1)番茄裂果症状　纹裂果，指果实表面产生条纹状裂纹，根据开裂部位和原因的不同，又可分为放射状纹裂、同心圆状纹裂和条纹状纹裂。

①放射状纹裂　以果蒂为中心向果肩部延伸，呈放射状开裂，一般始于果实绿熟期，出现轻微裂纹，转色后裂纹明显加深加宽，有时达到很严重的深裂(图 37)。

②同心圆状纹裂　以果蒂为中心，在附近果面上发生同心圆状断续的细微裂纹，严重时呈环状开裂，多在果实将要成熟时出现。

③条纹状纹裂　在果实的底部、顶部和侧面发生纵向、横向或不规则开裂(图 38)。

(2)番茄裂果原因

①品种　一般来说，果皮薄、果实圆形的大果型番茄容易开裂。

图 37　放射状纹裂

图 38　条纹状纹裂

②施肥不当造成裂果　作物在果实生长期需要大量的钾肥，与此同时氮肥的需求量降低，如果大量施用氮肥而忽略钾肥用量的话，会造成果实钾素缺乏，还会影响作物对钙、硼元素的吸收，硼元素缺乏也是造成番茄裂果的一个原因。

③土壤水分的剧烈变化造成裂果　番茄生育前期为防止植株徒长采取控水措施，而在进入结果期后又采用肥水猛攻的措施促进果实发育，在这种肥水充足的条件下，番茄果肉生长速度快，果皮相对生长速度慢是造成裂果的主要原因。

(3)防止番茄裂果措施

①选择抗裂性强的品种　选择中小果型、高桩型、木栓层薄的番茄品种种植。

②加强水肥管理　深翻地，增施生物有机肥，使根系生长良好，缓冲土壤水分的剧烈变化。合理浇水，避免土壤忽干忽湿，特别应防止久旱后浇水过多。避雨栽培，秋延后番

茄在温度急剧下降时，更要注意土壤湿度管理，避免湿度变化过快。露地栽培时，平时要勤浇水，避免突然下雨时土壤湿度剧烈变化，雨后及时排水。

③叶面喷施硼砂　可于开花结果期喷洒 0.5%硼砂补充硼元素，防止因缺硼番茄裂果，每 7～10 d 喷 1 次，连喷 2～3 次。

④及时采收　高温强光照射季节，越是接近商品成熟后期的番茄越容易裂果，适当提前采收能够减少裂果损失。

100　番茄脐腐病防治措施有哪些？

(1)症状　番茄脐腐病简称 BER。病斑发生于幼果脐部，即花器残余部及其附近，故称脐腐病。病部初期呈水浸状，暗绿色，通常直径 1～2 cm，有时可以扩展到半个果实以上，病部很快呈暗褐色或黑色。果实发病后，健全部分提早变红。病斑表皮革质化，在潮湿环境下，病斑上生出粉红色或黑色的霉状物，为腐生菌(图 39)。

图 39　脐腐病

(2)发病原因　普遍认为是缺钙引起的，即脐腐果中钙含量大大低于正常果中钙的含量。土壤钙含量不足，或者高温干旱钙吸收不足，脐腐病发生严重。然而日本学者 Nunami 等(1995年)研究结果表明，不同品种的番茄果实、根、叶中的钙含量没有显著差异，但脐腐病发生率却显著不同，因此认为脐腐病发生不是由于缺钙直接引起的生理病害，而是由遗传基因控制的代谢障碍。

（3）防治措施

①选择优良品种　选择果肉厚、根系吸收能力强、生长势旺盛的品种。

②加强肥水管理　增施钙肥，结果期均衡浇水。防止高温干旱、肥料过多烧根，造成钙吸收不足引起脐腐病。

③补充钙肥　结果期喷施0.1%腐殖酸钙3～4次，进行叶面补充施肥，防止脐腐病。

101　番茄各种各样的畸形果是什么原因造成的？

（1）症状　畸形果指突果、桃形果、偏心果、多心果等，有的果实脐部凹凸不平，有的呈瘤状突起（图40）。

（2）发生原因　番茄幼苗花芽分化和发育时期，如遇低温且持续时间较长，则用于呼吸作用的养分消耗相对减少，水分及光照充足，生长点部位营养积累过多，正在分化的花芽细胞分裂过旺，心皮数目过多，开花后各心皮发育不均衡，进而形成多心室的畸形果。在使用植物生长调节剂喷花处理时，使用方法不当，花器和果实不能

图40　畸形果

正常发育。

(3)防治措施

①选择优良品种　选择抗逆性强、耐低温弱光、果皮厚的番茄品种种植。

②培育壮苗　番茄幼苗期适宜温度为白天20～25℃，夜间12～16℃，育苗期间避免长时间的10℃以下低温。

③科学的保花保果　禁止使用2,4-滴丁酯蘸花。可以使用浓度为30～50 mg/L的防落素在番茄花朵正在开放时对花托部分喷雾处理，避免重复处理，选择温度适宜、光照较弱时间段进行处理。建议番茄开花坐果期释放熊蜂为番茄授粉，熊蜂适应性强，适宜温度为8～35℃。

④疏花疏果　生产管理中及时进行疏花疏果工作。畸形花发育成畸形果，一般情况下畸形果多发生于每层果穗的第一朵小花，疏花疏果操作时注意细心观察。

102　番茄生产上为何常常出现许多僵果?

(1)症状　番茄僵果，也称豆果，坐果后形成的小而硬的果实，不能形成正常大小的商品果，是无效果实，致使番茄减产(图41)。

(2)发生原因

①授粉受精不良　苗期夜温偏高、弱光，致使花器官发育不良，授粉受精不良形成僵果。冬春番茄开花、坐果期长期处于超低温环境(温室内夜温处于1～6℃)，应用药剂保花

保果技术，尽管能坐果，然而果实膨大速度极其缓慢，导致果肉僵硬、果实滞育、畸形等。

图 41 僵果

②激素处理不当 番茄花序上个别小花蕾未开放时即用激素处理，或者药剂使用浓度偏低，勉强坐住果，但是果实膨大速度偏慢，加之果实间营养相互竞争，不能形成正常的商品果实。

③植株旺长 偏施氮肥、施肥过量、温度过高，致使植株旺长，光合作用营养被植株茎叶争夺，也易形成僵果。

(3)防止措施 培育壮苗，采用正确方式方法保花保果，加强肥水、温度管理，增施有机肥，避免偏施氮肥。设施番茄植株生长过旺时，尽量控制，在第 1 花序开花坐果期间不灌水、不追肥，促进果实膨大。

103 番茄空洞果如何防止?

(1)症状 空洞果从外观上看果实有棱，不圆滑，发瘪，切开果实后能看到空腔，果肉与胎座之间缺少胶状物质，食用品质差，甚至无商品价值。

(2)发生原因 ①激素喷花浓度过大或重复处理；②偏施氮肥，用量又大，植株生长过旺。

(3)防止措施

①平衡施肥　定植前以有机肥、生物肥料和氮磷钾复合肥料作基肥，生长期间不偏施氮肥。

②防止徒长　坐果前适当控秧，防止番茄生长过旺。

③科学保花保果　使用激素浓度要适合，不重复处理，花序上正在开放小花和未开放的花蕾分期处理。适当留果，防止因结果过多营养不足而形成空洞果。

④及时追肥　果实开始膨大后有节奏地追肥灌水，特别是第2、3穗果实膨大期不能缺水缺肥，否则上层易产生空洞果。

104　引起番茄筋腐果的原因是什么？

(1)症状　筋腐病又称条腐病、带腐病、“黑筋”等。筋腐病的主要表现是果实着色不均，维管束变褐乃至坏死，失去商品价值。

(2)发生原因　低温寡照，偏施氮肥，施用未充分腐熟的农家肥，土壤水分过大造成土壤氧气含量不足等情况，容易发生筋腐病。

(3)防止措施

①选择不易发病品种　生产中注意选用抗病品种。

②平衡施肥　避免偏施氮肥，在番茄盛果期要增施磷钾肥，增强植株抗性。

③加强管理　及时整枝，改善通风透光条件，增加光照。加强温度调控，冬春防止低温障碍，夏秋防止高温徒长。浇

水时避免大水漫灌，采用膜下滴灌技术，防止湿度过大，土壤板结，造成番茄根系发育不良。

105 番茄田间为何会出现软果？

（1）症状　番茄果实硬度极差，用手触摸非常软和，不耐贮藏运输，影响销售。

（2）发生原因

①品种　种植果皮薄的品种，番茄果实容易变软。

②缺钙　高温干旱、氮肥施用过多等因素都会引起缺钙，导致果实容易变软。

③药害　喷施农药过量造成药害，果实容易变软。

④采收不及时　果实成熟后，采收不及时，果实容易变软。

（3）防止措施

①选择优良品种　选择优良硬果型品种种植，新品种引种时，需要进行小面积试验。

②加强管理　均衡施肥灌水，避免过量使用农药。结果期喷施 0.1%腐殖酸钙 3～4 次，进行叶面补充钙肥。

十一、鲜食番茄口感不佳的原因及对策

106 鲜食番茄生产中会遇到哪些口感不佳的现象?

鲜食番茄,以其营养价值高、口感风味浓郁成为市场上的畅销品。在辽宁著名的鲜食番茄品种有口感型番茄(辽北也称草莓柿子)、盘锦碱地柿子、康平碱地小柿子(碧娇)、丹东凤珠(409)小柿子等,或甘甜,或酸甜,或香甜,或脆嫩,胜似应季水果。但是如果栽培措施不当,可能达不到番茄鲜食口感,最终会影响种植户经济收入,打消其积极性,制约该产业的快速发展。下面针对鲜食番茄生产中容易出现的果味过酸、果皮坚韧和果肉僵硬等口感不佳现象,经过实践总结出适宜的解决措施。

107 果味过酸现象发生原因及对策是什么?

(1)症状　辽宁职业学院 2019 年引进大果型番茄新品种佤佳俐进行日光温室越冬鲜食番茄生产,12 月份进入果实成熟期,番茄果实绿果肩明显、含糖量高达10%,然而味道却特别酸,号称"酸掉牙"(图42)。此种情况有别于普通番茄(果实含糖量一般在3%左右)因果实含糖量偏低导致的味道酸涩。

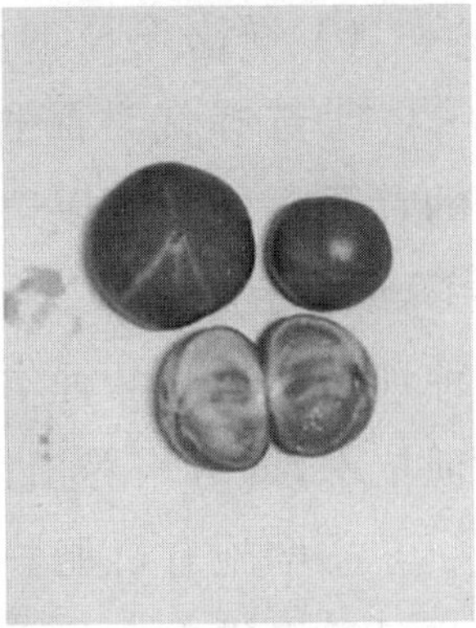

图42　酸味果

(2)发生原因　导致番茄味道过酸一般有品种和环境两方面原因。有时尽管果实含糖量很高,但是酸味却非常浓,是由于栽培环境不佳导致酸味物质的积累过多造成的。一般生产中遭遇以下情况会引起鲜食番茄果味过酸:①土壤有机质含量过低。②植株缺钙。③设施内长期不通风,空气湿度大。④夏季昼夜高温,没有适宜的昼夜温差促使糖分积累等。

尚乐乐等研究表明,番茄果实的糖分和有机酸含量对番茄果实品质都具有重要影响,番茄果实的糖酸比最终影响消费者的口感,番茄果实糖酸比一般在6.9～10.8。齐红岩等通过亏缺灌溉使樱桃番茄红玉的糖酸比由对照23.16提高至25.47,普通大果型番茄辽园多丽的糖酸比由对照16.73提高至19.45。亏缺灌溉提高了番茄果实的品质及口感,而且水分亏缺越严重,效果越明显。因此,如何采取有效措施增加番茄含糖量的同时降低番茄果实含酸量,即增加糖酸比,是提高鲜食番茄甜味的有效途径。

(3)解决途径

①选择优良品种　选择优良品种是保障鲜食番茄口感的首要条件。可以选择日本引进的大果型粉果真优美、粉太郎,或者台湾农友公司的樱桃番茄凤珠(409)、碧娇等优良品种种植。这些品种本身品质性状优良,给予适宜控旺提质管理技术,即可培养出优质的鲜食番茄。

②增施有机肥、平衡追肥　土壤增施优质有机肥,为番茄根系提供丰富的有机氮源(氨基酸)、有机碳源(葡萄糖)及各种微量元素直接吸收利用。实践证明增施优质鸡粪番茄表皮鲜亮;增施优质牛粪能够提高番茄甜度;应用玉米秸秆生物反应堆技术,能够改良设施生态环境,预防病虫害的发生,综合提高番茄品质。

在每亩施入 5 000 kg 充分发酵腐熟的优质有机肥的基础上,宜增施硝酸钙 25 kg、硫酸钾型复合肥(N-P-K 为 14-16-15,下同)50 kg。定植时,每亩穴施磷酸二铵、硝酸钙、硫酸钾型复合肥各 2. 5 kg,促进幼苗生长发育。结果期每亩可随水冲施潍坊农帮富肥业有限公司生产的高钙型海藻甲壳素 20 kg,连续施用 2 次以上,增甜壮秧效果明显。结果期叶面喷施 0. 1%腐殖酸钙或氨基酸钙,每 6～7 d 1 次,连续喷施。增施钙肥能够预防番茄脐腐病、增加果肉硬实度,同时降低番茄酸度,也就相应提高了糖酸比。叶面施肥时混配长春市宏丰肥料科技有限公司的大元素水溶肥料绿野神($N+P_2O_5+K_2O$ $\geqslant$500 g/L,B:3～30 g/L)200 倍液,增加叶片叶绿素含量,保持植株健康生长状态，促进光合产物积累。

此外，结果期根部定期冲施环保酵素，番茄甜度也会明显提高。酵素的做法简单，红糖或者蜜糖，加上蔬菜植株整理时摘掉的鲜嫩枝叶或各种残次鲜果菜皮，再配上水，按照1∶3∶10的比例，放在密封罐内，遮阴常温10～30 ℃发酵，前一个月每天需开盖放气并顺时针搅拌1次，3个月就可做好，遮阴保存备用。

③增施有机肥协同适宜温度　依据番茄生长发育特性，结果期晴天白天25～30 ℃，夜间10～15 ℃为宜。晴天白天适宜高温有利于光合作用，促进果实积累糖分；夜间适宜低温，降低呼吸消耗，防止植株徒长。有机肥缓慢分解产生大量的CO_2，据观测夜间温室内CO_2浓度能够积累到0.17%～0.2%。在晴天上午CO_2含量增高到0.12%时，同化作用最适温度可提高到35 ℃。

④加强通风　辽宁职业学院番茄套袋试验，发现在番茄坐果期进行整穗套纸袋处理，果实表皮光泽靓丽、皮薄不裂，而套塑料袋处理的果实表皮粗糙、口感酸，间接验证了降低空气湿度可以提高番茄品质。

108　果皮坚韧发生原因及对策是什么？

（1）症状　前几年台湾农友公司选育的小果型鲜食番茄品种春桃，外形优美似桃子，因甜度高，深受消费者欢迎。但是近几年种植很少了，因其果皮口感异常坚韧，吃起来如同咀嚼塑料一样。

(2)发生原因　主要原因是控旺提质管理过程中，过度控制浇水造成。由于控制灌水方法不当，还会导致许多成熟期番茄裂果，造成更大的损失。

(3)解决途径　实践证明，番茄结果期均衡灌水，是防止果皮坚韧的有效途径，可以参照下面的两种方法进行鲜食番茄植株控旺灌水。

①依据植株形态判断灌水　结果期总体掌握番茄植株晴天中午轻度萎蔫，傍晚恢复正常，生长点细弱，但是生长不能停滞，参照此指标进行适量浇水。

②依据仪器判断灌水　利用“农用通”仪器测量。“农用通”仪器可以测量空气温度、湿度、CO_2浓度，土壤温度、含水量，光照强度等，连接网络，可用手机电脑接收数据。当“农用通”仪器测量土壤含水量为15%～17%，介于土壤黄墒、适墒之间，就需要及时灌水了。灌水时依据气温高低，每次滴灌时长控制在30～60 min，土壤含水量达到22%左右即足够了。

此外，上面提到的番茄坐果后整穗套纸袋处理，成熟果实色泽鲜亮、表皮嫩薄，不易裂果。

109　果肉僵硬发生原因及对策是什么?

(1)症状　2018年辽宁职业学院生产的越冬口感型番茄真优美，到翌年1月份植株中、上部成熟果实出现果肉僵硬、果面暗淡少光泽症状，还伴随许多滞育小果和脐部不封口类型的未成熟期开裂果（图 43），严重影响鲜食口感。而樱桃番茄凤珠（409）则表现为滞育小果、味甜少汁。

图 43　果肉僵硬

（2）发生原因　一般情况下，番茄成熟果实会变软和。成熟番茄果实仍然僵硬，主要是因为冬春番茄开花、坐果期长期处于超低温环境（温室内夜温处于 1～6 ℃），应用药剂保花保果技术，尽管能坐果，然而果实膨大速度极其缓慢，导致果肉僵硬、果实滞育、畸形等，属于番茄生理病害。在普通番茄生产中，有时施肥不当造成番茄植株茎叶疯长时，果实膨大受阻，也会出现僵果现象。

（3）解决途径

①合理安排生产　依据当地气候条件和设施标准，合理设计鲜食番茄生产茬口。在冬季严寒的辽北地区，进行日光温室越冬鲜食番茄生产，要有加温设备保障，同时要制定寒潮来临，以及连续阴雪天气情况下的保温、加温预案，连续开花结果的越冬番茄生产，要保障温室内夜间最低气温在 10 ℃以上。

②平衡施肥、忌偏施氮素化肥　偏施氮素化肥造成氮素过剩，抑制其他矿物质营养吸收，或者因为个别劣质化肥中含有一些激素成分，造成番茄植株茎叶疯长，导致果实膨大

受阻形成僵果。

总之,只有不断创新、优化协调鲜食番茄生产中的关键技术,才能使鲜食番茄品质进一步提高。鲜食番茄优质综合指标概况为色泽鲜亮、味道香甜、口感脆嫩、形状美观、营养丰富,这样才能实现优质优价。值得关注的是番茄的"回味"香甜性状,研究表明是果实内积累了大量芳香物质的结果,目前在鲜食番茄生产中还是可遇不可求的。

参考文献

[1] 辽宁省质量监督局．DB21 DB21/T 1259—2004. 无公害食品樱桃番茄生产技术规程．2004-05-01.

[2] 崔兰舫．日光温室樱桃番茄优质高效生产实用技术．北方园艺，2019(16)：174-176.

[3] 张桂凡，崔兰舫．口感型番茄设施生产实用技术模式．中国蔬菜，2018(7)：92-94.

[4] 崔兰舫．辽北地区日光温室越冬番茄优质高效生产技术模式．中国蔬菜，2019(8)：101-103.

[5] 王闯，曹娜，高朋，等．日光温室番茄椰糠基质长季节栽培技术．中国蔬菜，2017(1)：86-88.

[6] 贾利元，张建祥，郭秀英．番茄工厂化育苗技术规程．长江蔬菜，2013(12)：51-52.

[7] 崔兰舫．番茄斑萎病毒病(TSWV)在辽北发病症状及防治．北方园艺，2019(18)：175-176.

[8] 张桂凡．鲜食番茄口感不佳原因及解决措施．中国蔬菜，2020(9)：103-105.